RECHERCHES GÉNÉRALES

SUR

LES SURFACES COURBES.

（C.）

RECHERCHES GÉNÉRALES

SUR

LES SURFACES COURBES

Par M. C.-F. GAUSS,

TRADUITES EN FRANÇAIS;

SUIVIES

DE NOTES ET D'ÉTUDES

sur divers points de la Théorie des Surfaces, et sur certaines classes de Courbes,

Par M. E. ROGER,

INGÉNIEUR DES MINES.

GRENOBLE,
IMPRIMERIE DE PRUDHOMME,
Rue Lafayette, 44, au 2ᵉ étage.

1855.

RECHERCHES GÉNÉRALES

SUR

LES SURFACES COURBES,

Par M. C.-F. GAUSS.

————— ⸗⸺⊰◯⊱⸺⸗ —————

1.

Les recherches dans lesquelles on s'occupe des directions de diverses droites dans l'espace, atteignent la plupart du temps un très-haut degré de clarté et de simplicité, quand on recourt à l'emploi d'une surface sphérique décrite avec un rayon = 1 autour d'un centre arbitraire, et dont tous les points sont censés représenter les directions de droites parallèles aux rayons terminés à ces points. Et comme la position de tous les points dans l'espace est déterminée par trois coordonnées, qui sont les distances à trois plans fixes perpendiculaires entre eux, il faut considérer avant tout les directions des axes perpendiculaires à ces plans ; nous noterons ainsi (1), (2), (3), les points de la surface sphérique qui représentent ces directions : il est clair que la distance de ces points, deux à deux, sera un quadrant. Nous supposerons d'ailleurs que les directions dont il s'agit sont celles qui se rapportent aux coordonnées positives.

II.

Il ne sera pas inutile de rappeler ici certaines propositions qui sont d'un usage fréquent dans les questions de ce genre.

1. L'angle de deux droites qui se coupent a pour mesure l'arc compris entre les points qui correspondent à leur direction, sur la surface sphérique.

2. L'orientation d'un plan donné dans l'espace peut être représentée par un grand cercle de la surface sphérique, dont le plan serait parallèle au plan donné.

3. L'angle de deux plans est équivalent à l'angle sphérique compris entre les grands cercles qui les représentent, et a, par conséquent, aussi pour mesure l'arc compris entre les pôles de ces grands cercles. Et de là il suit que l'inclinaison d'une droite sur un plan est mesurée par l'arc de grand cercle mené normalement du point qui correspond à la direction de la droite, au grand cercle qui représente l'orientation du plan.

4. Soient x, y, z, x', y', z', les coordonnées de deux points, r leur distance, et L le point qui, sur la surface sphérique, représente la direction de la droite menée du premier point au second, on aura

$$x' = x + r \cos (1) \text{ L},$$
$$y' = y + r \cos (2) \text{ L},$$
$$z' = z + r \cos (3) \text{ L}.$$

5. De là il résulte immédiatement qu'on a, généralement,

$$\cos^2 (1) \text{ L} + \cos^2 (2) \text{ L} + \cos^2 (3) \text{ L} = 1,$$

et aussi, en considérant un autre point quelconque L' sur la surface sphérique,

$$\cos (1) \text{ L} . \cos (1) \text{ L}' + \cos (2) \text{ L} . \cos (2) \text{ L}' + \cos (3) \text{ L} . \cos (3) \text{ L}' = \cos \text{LL}'.$$

6. Théorème. *Soient* L, L', L'', L''', *quatre points sur la surface sphé-*

rique, et A *l'angle que les arcs de grand cercle* LL', L''L''' *forment en leur point d'intersection, on aura*

$$\cos \text{LL}''. \cos \text{L'L'''} - \cos \text{LL'''}. \cos \text{L'L''} = \sin \text{LL'}. \sin \text{L''L'''}. \cos \text{A}.$$

Démonstration. Appelons aussi A le point d'intersection lui-même, et soit posé

$$\text{AL} = t, \quad \text{AL'} = t', \quad \text{AL''} = t'', \quad \text{AL'''} = t''';$$

Nous aurons (*)

$$\cos \text{LL}'' = \cos t. \cos t'' + \sin t. \sin t'' \cos \text{A},$$
$$\cos \text{L'L'''} = \cos t' \cos t''' + \sin t' \sin t''' \cos \text{A},$$
$$\cos \text{LL'''} = \cos t \cos t''' + \sin t \sin t''' \cos \text{A},$$
$$\cos \text{L'L''} = \cos t' \cos t'' + \sin t' \sin t'' \cos \text{A};$$

et par suite

$$\cos \text{LL}''. \cos \text{L'L'''} - \cos \text{LL'''}. \cos \text{L'L''}$$
$$= \cos \text{A} \left\{ \begin{array}{l} \cos t \cos t'' \sin t' \sin t''' \\ + \cos t' \cos t''' \sin t \sin t'' - \cos t \cos t''' \sin t' \sin t'' \\ - \cos t' \cos t'' \sin t \sin t''' \end{array} \right\}$$
$$= \cos \text{A} \left(\cos t \sin t' - \sin t \cos t' \right) \left(\cos t'' \sin t''' - \sin t'' \cos t''' \right)$$
$$= \cos \text{A}. \sin (t' - t). \sin (t''' - t'')$$
$$= \cos \text{A}. \sin \text{LL'}. \sin \text{L''L'''}.$$

Du reste, comme il y a pour chaque grand cercle deux branches partant du point A, ces deux branches forment en ce point deux angles dont la somme est 180° ; mais notre analyse montre qu'il faut adopter les branches qui correspondent au sens des directions LL' et L''L''', et comme les deux grands cercles se coupent en deux points, on voit aisément qu'il est indifférent de choisir l'un ou l'autre de ces points. On peut aussi, à la place de l'angle A employer l'arc compris entre les pôles des grands cercles dont les arcs LL', L''L''' font partie ; mais il est clair que ces pôles doivent avoir

---

(*) Par la formule bien connue qui lie, dans un triangle sphérique, l'un des trois angles aux trois côtés du triangle — E.R —

respectivement la même situation par rapport à leurs arcs, c'est-à-dire que pendant qu'on marche de L vers L' ou de L" vers L''', chacun des deux pôles doit être du même côté, soit à droite, soit à gauche.

7. Soient L, L', L" trois points sur la surface sphérique, et posons, pour abréger,

$$\cos (1) \; L = x, \quad \cos (2) \; L = y, \quad \cos (3) \; L = z,$$
$$\cos (1) \; L' = x', \quad \cos (2) \; L' = y', \quad \cos (3) \; L' = z',$$
$$\cos (1) \; L'' = x'', \quad \cos (2) \; L'' = y'', \quad \cos (3) \; L'' = z'';$$

posons aussi

$$xy'z'' + x'y''z + x''yz' - xy''z' - x'yz'' - x''y'z = \Delta.$$

Désignons par λ l'un des pôles du grand cercle dont l'arc LL' fait partie, celui qui se trouve, par rapport à cet arc, placé comme le point (1) l'est par rapport (2) (3). Nous aurons alors, d'après le théorème précédent,

$$yz' - y'z = \cos (1) \; \lambda . \sin (2) \; (3) . \sin LL',$$

ou, à cause de (2)(3) = 90°,

$$yz' - y'z = \cos (1) \; \lambda . \sin LL',$$

et de même

$$zx' - z'x = \cos (2) \; \lambda . \sin LL',$$
$$xy' - x'y = \cos (3) \; \lambda . \sin LL'.$$

Multipliant ces équations respectivement par x'', y'', z'', et ajoutant, nous obtenons, au moyen du second des théorèmes rappelés au n° 5,

$$\Delta = \cos \lambda \; L'' . \sin LL'.$$

Ici il y a trois cas à distinguer. *Premièrement*, lorsque L" se trouve sur le grand cercle dont l'arc LL' fait partie, on a λL"=90°, et par suite Δ=0. Si L" se trouve en dehors de ce grand cercle, le *deuxième* cas sera celui où L" est du même côté que λ, et le *troisième* celui où L" est du côté opposé : dans ces deux cas, les points L, L', L" formeront un triangle sphérique et auront une disposition analogue à celle des points (1), (2), (3) dans le second cas, inverse dans le troisième. Appelant simplement L, L', L", les angles de ce triangle, p la perpendiculaire menée sur la surface sphérique du point L″ sur le côté LL′, on aura

$$\sin p = \sin \text{L}. \sin \text{LL}'' = \sin \text{L}'. \sin \text{L'L}'', \quad \text{et } \lambda \text{ L}'' = 90° \mp p,$$

le signe supérieur se rapportant au second cas, le signe inférieur au troisième. De là nous concluons

$$\pm \Delta = \sin \text{L}. \sin \text{LL}'. \sin \text{LL}'' = \sin \text{L}'. \sin \text{LL}'. \sin \text{L'L}''$$
$$= \sin \text{L}''. \sin \text{LL}''. \sin \text{L'L}''.$$

Du reste, il est clair que le premier cas peut être regardé comme compris dans le second ou le troisième, et l'on peut voir sans peine que l'expression $\pm \Delta$ représente le sextuple du volume de la pyramide formée par les points L, L′, L″ et le centre de la sphère, et que, semblablement, $\frac{1}{6} \Delta$ représente, en général, le volume d'une pyramide quelconque comprise entre l'origine des coordonnées et les points dont les coordonnées sont x, y, z; $x', y', z'; x'', y'', z''$.

III.

On dit qu'une surface courbe jouit d'une courbure continue autour d'un de ses points A, si les directions de toutes les droites qu'on peut mener de ce point à tous les points de la surface infiniment peu distants, s'éloignent infiniment peu d'un seul et même plan passant par le point A ; ce plan est alors ce qu'on appelle le *plan tangent* à la surface au point A. Que si cette condition ne peut être remplie, pour un point donné, la continuité de la surface est interrompue en ce point, comme cela a lieu, par exemple, pour le sommet d'un cône. Les présentes recherches seront restreintes à des surfaces, ou à des portions de surfaces telles, que la continuité de la courbure ne soit interrompue en aucun point. Nous ferons seulement observer ici que les méthodes qui servent à déterminer la position du plan tangent ne s'appliquent pas aux points singuliers dans lesquels la continuité de la courbure est interrompue, et doivent conduire à des solutions indéterminées.

IV.

La position du plan tangent peut être très-commodément représentée au moyen de la position de la droite qui lui est normale au point A, droite qu'on dit aussi être normale à la surface elle-même. Nous représenterons la direction de cette normale par un point L de la surface sphérique auxiliaire, et nous poserons

$$\cos (1)\, L = X, \quad \cos (2)\, L = Y, \quad \cos (3)\, L = Z\,;$$

nous désignerons les coordonnées du point A par x, y, z. Soient, en outre, $x + dx$, $y + dy$, $z + dz$ les coordonnées d'un autre point A′ sur la surface courbe, ds la distance infiniment petite AA′; soit enfin λ le point qui, sur la surface sphérique, représente la direction de l'élément AA′. On aura

$$dx = ds.\cos (1)\,\lambda, \quad dy = ds.\cos (2)\,\lambda, \quad dz = ds.\cos (3)\,\lambda,$$

et aussi, puisque l'on doit avoir $\lambda L = 90°$,

$$X \cos (1)\,\lambda + Y \cos (2)\,\lambda + Z \cos (3)\,\lambda = 0.$$

La combinaison de ces équations nous donne

$$X\, dx + Y\, dy + Z\, dz = 0.$$

Il y a deux méthodes générales pour l'étude des propriétés d'une surface courbe. Dans la *première*, on se sert de l'équation entre les coordonnées x, y, z, que nous supposerons ramenée à la forme $W = 0$, ou W sera fonction des indéterminées x, y, z. Soit la différentielle complète de la fonction W,

$$dW = P\, dx + Q\, dy + R\, dz\,;$$

on aura, sur la surface courbe,

$$P\, dx + Q\, dy + R\, dz = 0,$$

et, par suite,

$$P.\cos (1)\,\lambda + Q.\cos (2)\,\lambda + R.\cos (3)\,\lambda = 0.$$

Comme cette équation, ainsi que nous l'avons établi ci-dessus, doit avoir lieu pour les directions de tous les éléments ds sur la surface courbe, on voit facilement que X, Y, Z, doivent être respectivement proportionnels à P, Q, R, et que, par suite, à cause de la condition $X^2+Y^2+Z^2=1$, on aura, soit

$$X=\frac{P}{\sqrt{P^2+Q^2+R^2}}, \quad Y=\frac{Q}{\sqrt{P^2+Q^2+R^2}}, \quad Z=\frac{R}{\sqrt{P^2+Q^2+R^2}},$$

soit

$$X=\frac{-P}{\sqrt{P^2+Q^2+R^2}}, \quad Y=\frac{-Q}{\sqrt{P^2+Q^2+R^2}}, \quad Z=\frac{-R}{\sqrt{P^2+Q^2+R^2}}.$$

Dans la *seconde* méthode, on exprime les coordonnées eu forme de fonctions de deux variables p et q. Supposons que par la différentiation de ces fonctions on ait

$$dx = a\,dp + a'\,dq,$$
$$dy = b\,dp + b'\,dq,$$
$$dz = c\,dp + c'\,dq.$$

par la substitution de ces valeurs dans une formule donnée ci-dessus, nous obtenons

$$(a\,X + b\,Y + c\,Z)\,dp + (a'\,X + b'\,Y + c'\,Z)\,dq = 0.$$

Comme cette équation doit avoir lieu indépendamment des valeurs des différentielles dp, dq, on aura évidemment

$$a\,X + b\,Y + c\,Z = 0, \quad a'\,X + b'\,Y + c'\,Z = 0;$$

d'où nous concluons que X, Y, Z doivent être respectivement proportionnels aux quantités

$$bc' - cb', \quad ca' - ac', \quad ab' - ba'.$$

Posant donc, pour abréger,

$$\sqrt{(bc'-cb')^2+(ca'-ac')^2+(ab'-ba')^2} = \Delta,$$

on aura, soit

$$X = \frac{bc'-cb'}{\Delta}, \quad Y = \frac{ca'-ac'}{\Delta}, \quad Z = \frac{ab'-ba'}{\Delta},$$

soit

$$X = \frac{cb'-bc'}{\Delta}, \quad Y = \frac{ac'-ca'}{\Delta}, \quad Z = \frac{ba'-ab'}{\Delta}.$$

A ces deux méthodes générales se rattache une *troisième* méthode, dans laquelle l'une des coordonnées, par exemple z, est exprimée en fonction des deux autres, x, y ; cette méthode n'est évidemment autre chose qu'un cas particulier, soit de la première méthode, soit de la seconde. Que si l'on pose

$$dz = t\,dx + u\,dy,$$

on aura, soit

$$X = \frac{-t}{\sqrt{1+t^2+u^2}}, \qquad Y = \frac{-u}{\sqrt{1+t^2+u^2}}, \qquad Z = \frac{1}{\sqrt{1+t^2+u^2}},$$

soit

$$X = \frac{t}{\sqrt{1+t^2+u^2}}, \qquad Y = \frac{u}{\sqrt{1+t^2+u^2}}, \qquad Z = \frac{-1}{\sqrt{1+t^2+u^2}}.$$

V.

Les deux solutions qu'on a rencontrées dans le § précédent se rapportent évidemment à des points opposés de la surface sphérique, ou à des directions opposées, ce qui s'accorde avec la nature des choses, attendu que la normale à une surface courbe peut être menée dans un sens ou dans l'autre, suivant la face que l'on considère. Que si l'on veut distinguer entre elles les deux faces contiguës d'une surface, et appeler l'une extérieure et l'autre intérieure, on pourra alors attribuer aussi à chaque normale la solution qui lui convient, à l'aide du théorème développé au § II (7), où l'on a aussi établi un *criterium* ou moyen de distinguer une face de l'autre.

Dans la première méthode, ce critérium se tire du signe de la valeur de la quantité W. En effet, généralement la surface W=0 séparera les régions de l'espace pour lesquelles W prend une valeur *positive* de celles pour lesquelles W devient *négatif*. Du théorème que nous venons de rappeler, on conclut dès lors facilement que si W a une valeur positive du côté de la face extérieure, et que l'on conçoive la normale comme menée vers l'extérieur, il faudra adopter la première solution. Au reste, il sera facile, dans chaque cas, de décider si, pour la surface entière, la même règle doit s'appliquer eu égard au signe de W, ou si la règle à suivre doit changer d'une région de la surface à une autre région ; la loi de continuité ne permettra d'ailleurs aucun changement, aussi longtemps que les coefficients P, Q, R auront des valeurs finies, ou ne s'évanouiront pas tous ensemble.

Si nous suivons la seconde méthode, nous pouvons concevoir sur la surface courbe deux systèmes de lignes courbes; l'un pour lequel p est variable, q constant; l'autre pour lequel q est variable, p constant; la position respective de ces deux lignes, par rapport à la face extérieure, doit décider laquelle des deux solutions il faut adopter. C'est-à-dire que toutes les fois ue les trois lignes suivantes, savoir la branche de la ligne du premier sys- ne qui, à partir du point A, correspond à un accroissement de p, la anche de la ligne du second système qui, à partir du même point A, correspond à un accroissement de q, et la normale menée du côté de la face extérieure, toutes les fois, disons-nous, que ces trois lignes sont placées de la même manière que le sont eux-mêmes, à partir de l'origine des coordonnées, les axes x, y, z (par exemple si, pour l'un ou l'autre de ces deux groupes de lignes, on peut concevoir la première ligne à gauche, la seconde à droite, la troisième en dessus), alors on doit adopter la première solution; toutes les fois, au contraire, que la position respective des trois lignes sera à l'inverse de la position respective des axes x, y, z, la seconde solution s'appliquera.

Dans la troisième méthode, il faudra examiner si, pendant que z reçoit un accroissement positif, x et y restant invariables, l'on s'avance du côté de la face extérieure ou de la face intérieure. Dans le premier cas, pour une normale dirigée extérieurement, on doit prendre la première solution ; dans l'autre cas, la seconde.

VI.

De même qu'en imaginant par le centre de notre sphère auxiliaire des droites respectivement parallèles à chacune des normales d'une surface courbe, à chaque point déterminé de la deuxième surface vient correspondre un point déterminé de la première ; de la même manière, toute ligne ou toute figure tracée sur la surface courbe sera représentée par une ligne ou une figure tracée sur la surface sphérique. Dans la comparaison des deux figures qui se correspondent ainsi, et dont l'une sera comme l'image de l'autre, on peut se placer à deux points de vue : on peut avoir égard seulement aux quantités ; ou bien ne s'occuper que des relations de position, abstraction faite des relations de quantité.

Pour l'étude des relations de quantité, il nous paraît utile d'introduire, dans la théorie des surfaces courbes, quelques notions nouvelles. Etant donnée une portion de surface courbe, comprise dans un périmètre déterminé, nous dirons qu'elle a pour *courbure totale* ou *intégrale* l'aire de la figure qui lui correspond sur la surface sphérique auxiliaire. Il convient de distinguer, de cette courbure intégrale, la courbure en quelque sorte spécifique, que nous appellerons *mesure de la courbure* et signifie le quotient qu'on obtient en divisant la courbure intégrale de l'élément superficiel adjacent à ce point par l'aire de cet élément même, et indique conséquemment le rapport des aires infiniment petites qui se correspondent sur la surface courbe et sur la surface sphérique. L'utilité de ces innovations ressortira suffisamment, nous l'espérons, des considérations que nous aurons à exposer. Quant à ce qui concerne la terminologie, nous avons pensé qu'avant tout nous devions nous attacher à éviter toute obscurité ; c'est pourquoi nous n'avons pas cru devoir suivre strictement l'analogie de la terminologie admise généralement (quoique critiquée par plusieurs géomètres) dans la théorie des courbes planes, suivant laquelle la mesure de la courbure aurait dû être appelée simplement courbure, et la courbure totale, amplitude. Mais pourquoi n'userait-on pas d'une certaine latitude, quant aux mots, pourvu que les choses elles-mêmes ne soient pas vides, et que le discours soit à l'abri de toute interprétation erronée ?

La position de la figure tracée sur la surface sphérique peut être ou semblable ou opposée (inverse) à celle de la figure qui lui correspond sur la surface courbe ; le premier cas a lieu lorsque deux lignes sur la surface courbe partant du même point et dans deux directions différentes, mais non opposées, sont représentées sur la surface sphérique par deux lignes placées semblablement, c'est-à-dire lorsque l'image de la ligne située vers la droite est aussi à droite ; le second cas, lorsque c'est le contraire qui a lieu. Nous distinguerons ces deux cas par le *signe* positif ou négatif de la mesure de la courbure. Mais il est évident que cette distinction ne peut avoir lieu qu'en choisissant sur l'une et l'autre surface une face déterminée, sur laquelle on doit concevoir que la figure est tracée. Dans la surface sphérique auxiliaire, nous emploierons toujours, comme face extérieure, celle qui est tournée à l'opposé du centre ; dans la surface courbe, on peut prendre pour face extérieure, soit celle qui est habituellement regardée comme étant réellement la face extérieure, soit plutôt la face même à partir de laquelle on élève la normale ; il est évident, en effet, qu'on ne change rien à la similitude des figures en transportant d'une face à l'autre et la figure tracée et la normale, pourvu que l'image de cette figure soit toujours tracée sur la même face de la surface sphérique.

Le signe positif ou négatif dont nous affectons *la mesure* de la courbure d'une figure infiniment petite d'après la position de cette figure, nous l'étendons aussi à la courbure intégrale d'une figure finie sur la surface courbe. Toutefois, si nous voulions embrasser ce sujet dans toute sa généralité, certains éclaircissements seraient nécessaires ; nous nous contenterons ici de quelques courtes explications. Lorsqu'une figure tracée sur une surface courbe est telle qu'à chacun des points qu'elle comprend il correspond, sur la sphère auxiliaire, des points *différents*, alors nulle ambiguïté. Mais si cette condition n'est pas remplie, il sera nécessaire de faire entrer deux ou plusieurs fois en ligne de compte certaines portions de la surface sphérique, et de là, suivant que la similitude sera directe ou inverse, des termes qui s'ajouteront ensemble ou se détruiront partiellement. Ce qu'il y aura de plus simple, en pareil cas, sera d'imaginer qu'on ait divisé la figure tracée sur la surface courbe en parties telles, que chacune d'elles, considérée isolément, satisfasse à la condition énoncée tout à l'heure, d'attribuer à chaque partie la courbure qui lui convient, courbure dont la grandeur sera donnée par l'aire de la figure qui lui correspond sur la surface sphérique et dont le signe dépendra de la position même de la figure, et enfin de prendre pour la courbure totale de la figure entière la quantité qu'on obtiendra en ajoutant ensemble les courbures intégrales correspondantes à chacune des parties de la figure. De cette manière, la courbure intégrale d'une figure sera généralement $= \int K d\sigma$, $d\sigma$ représentant l'élément superficiel de la figure, K la mesure de la courbure en chaque point. Et quant à ce qui se rapporte à la représentation géométrique de cette intégrale, les principales considérations qu'il y aurait lieu de présenter reviennent à ce qui suit. Le périmètre de la figure tracée sur une surface courbe (sous la restriction indiquée au § III) correspondra toujours, sur la surface sphérique auxiliaire, à une ligne fermée. Que si cette ligne ne se coupe elle-même en aucun point, elle divisera la surface sphérique en deux parties, dont l'une correspondra à la figure tracée sur la surface courbe; la courbure intégrale de la figure sera donnée par l'aire de cette partie, cette aire étant positive ou négative suivant que, par rapport à son périmètre, elle aura une position semblable ou inverse à celle que la figure a elle-même par rapport à son propre périmètre. Mais lorsque cette ligne se coupera elle-même une ou plusieurs fois, elle donnera une figure compliquée, à laquelle cependant on peut attribuer légitimement une aire déterminée, comme s'il s'agissait d'une figure sans nœuds ; et cette aire, convenablement entendue, sera toujours la valeur exacte de la courbure intégrale. Au surplus, nous croyons devoir réserver pour une autre occasion des explications plus amplement développées, concernant les figures envisagées au point de vue le plus général.

VII.

Cherchons maintenant une formule propre à exprimer la mesure de la courbure en chaque point d'une surface courbe. En appelant $d\sigma$ l'aire d'un élément de cette surface, $Z d\sigma$ sera l'aire de la projection de cet élément sur le plan des coordonnées x et y ; et de même, si $d\varkappa$ est l'aire de l'élément correspondant sur la surface sphérique auxiliaire, Zdz sera l'aire de la projection de cet élément sphérique sur le même plan ; et il est manifeste que ces projections auront entre elles les mêmes relations de grandeur et de position que les éléments eux-mêmes. Considérons maintenant un élément triangulaire de la surface courbe, et supposons que les coordonnées des trois points qui forment la projection de cet élément sont

$$x, \qquad y,$$
$$x+dx, \qquad y+dy,$$
$$x+\delta x, \qquad y+\delta y.$$

le double de l'aire de ce triangle sera exprimé par la formule

$$dx \,.\, \delta y - dy \,.\, \delta x,$$

expression positive ou négative, suivant que la position du côté qui se dirige du premier point au troisième, comparée à celle du côté qui se dirige du premier point au second, est semblable ou inverse à la position de l'axe coordonné y par rapport à l'axe coordonné x.

De même, si les coordonnées des trois points qui forment la projection de l'élément correspondant sur la surface sphérique, comptées à partir du centre, sont

$$X, \qquad Y,$$
$$X+dX, \qquad Y+dY,$$
$$X+\delta X, \qquad Y+\delta Y,$$

le double de l'aire de cette projection sera exprimé par

$$dX \,.\, \delta Y - dY \,.\, \delta X,$$

formule dont le signe s'établira d'après ce qui a été dit tout à l'heure. La mesure de la courbure sera donc, en ce point de la surface courbe,

$$k = \frac{dX \,.\, \delta Y - dY \,.\, \delta X}{dx \,.\, \delta y - dy \,.\, \delta x} .$$

Si maintenant nous supposons que la nature de la surface est définie

3

suivant la troisième méthode considérée dans le § IV, X et Y s'exprimeront en fonction des quantités x et y, et nous aurons

$$d\,X = \left(\frac{dX}{dx}\right) dx + \left(\frac{dX}{dy}\right) dy,$$

$$\delta\,X = \left(\frac{dX}{dx}\right) \delta x + \left(\frac{dX}{dy}\right) \delta y,$$

$$d\,Y = \left(\frac{dY}{dx}\right) dx + \left(\frac{dY}{dy}\right) dy,$$

$$\delta\,Y = \left(\frac{dY}{dx}\right) \delta x + \left(\frac{dY}{dy}\right) \delta y.$$

Par la substitution de ces valeurs, l'expression précédente se change en celle-ci :

$$k = \left(\frac{dX}{dx}\right) \cdot \left(\frac{dY}{dy}\right) - \left(\frac{dX}{dy}\right) \cdot \left(\frac{dY}{dx}\right).$$

En posant comme ci-dessus

$$\frac{dz}{dx} = t, \qquad \frac{dz}{dy} = u,$$

et en outre

$$\frac{d^2z}{dx^2} = T, \qquad \frac{d^2z}{dx\,dy} = U, \qquad \frac{d^2z}{dy^2} = V,$$

ce qui équivaut à

$$dt = T\,dx + U\,dy, \qquad du = U\,dx + V\,dy,$$

nous aurons, d'après des formules données précédemment,

$$X = -t\,Z, \qquad Y = -u\,Z, \qquad (1 + t^2 + u^2)\,Z^2 = 1,$$

et par suite

$$dX = -Z\,dt - t\,dZ,$$
$$dY = -Z\,du - u\,dZ,$$
$$(1 + t^2 + u^2)\,dZ + Z\,(t\,dt + u\,du) = 0,$$

ou bien

$$d\,\mathrm{Z} = -\,\mathrm{Z}^3\,(t\,dt + u\,du),$$
$$d\,\mathrm{X} = -\,\mathrm{Z}^3\,(1 + u^2)\,dt + \mathrm{Z}^3\,tu\,du,$$
$$d\,\mathrm{Y} = \mathrm{Z}^3\,tu\,dt - \mathrm{Z}^3\,(1 + t^2)\,du,$$

et de là on tire

$$\frac{d\mathrm{X}}{dx} = \mathrm{Z}^3\,[-(1 + u^2)\,\mathrm{T} + tu\,\mathrm{U}],$$

$$\frac{d\mathrm{X}}{dy} = \mathrm{Z}^3\,[-(1 + u^2)\,\mathrm{U} + tu\,\mathrm{V}],$$

$$\frac{d\mathrm{Y}}{dx} = \mathrm{Z}^3\,[tu\,\mathrm{T} - (1 + t^2)\,\mathrm{U}],$$

$$\frac{d\mathrm{Y}}{dy} = \mathrm{Z}^3\,[tu\,\mathrm{U} - (1 + t^2)\,\mathrm{V}].$$

En substituant ces valeurs dans l'expression précédente, il vient

$$k = \mathrm{Z}^6\,(\mathrm{TV} - \mathrm{U}^2)\,(1 + t^2 + u^2) = \mathrm{Z}^4\,(\mathrm{TV} - \mathrm{U}^2) = \frac{\mathrm{TV} - \mathrm{U}^2}{(1 + t^2 + u^2)^2}.$$

VIII.

En choisissant convenablement l'origine et les axes coordonnés, on peut, sans difficulté, faire évanouir, pour un point donné A, les valeurs des quantités t, u, U. En effet, les deux premières conditions seront déjà remplies si l'on adopte pour plan des coordonnées x, y, le plan tangent en ce point. Si, en outre, on place l'origine des coordonnées au point A lui-même, il est clair que l'expression des coordonnées z prendra la forme suivante :

$$z = \frac{1}{2}\,\mathrm{T}^0\,x^2 + \mathrm{U}^0\,xy + \frac{1}{2}\,\mathrm{V}^0\,y^2 + \Omega,$$

où Ω sera d'un ordre supérieur au second. En changeant ensuite l'orientation des axes x, y d'un angle M, tel que l'on ait

$$\mathrm{Tang}\,2\,\mathrm{M} = \frac{2\,\mathrm{U}^0}{\mathrm{T}^0 - \mathrm{V}^0},$$

il sera aisé de voir qu'on obtiendra une équation de cette forme

$$z = \frac{1}{2} T x^2 + \frac{1}{2} V y^2 + \Omega;$$

et de cette manière la troisième condition se trouvera également satisfaite. De là les résultats suivants :

1. Si la surface courbe est coupée par un plan normal passant par l'axe coordonné x, la section sera une courbe plane dont le rayon de courbure au point A sera $\frac{1}{T}$, le signe positif ou négatif de ce rayon de courbure indiquant la concavité ou la convexité de la face du côté de laquelle les coordonnées z sont positives.

2. De la même manière $\frac{1}{V}$ sera au point A le rayon de courbure de la courbe plane qu'on obtient en coupant la surface courbe par un plan passant par les axes y, z.

3. En posant $x = r\cos\varphi$, $y = r\sin\varphi$, on a

$$z = \frac{1}{2} (T \cos^2 \varphi + V \sin^2 \varphi) r^2 + \Omega;$$

d'où il résulte que si l'on coupe la surface par un plan normal en A faisant avec l'axe x un angle φ, l'on obtiendra une courbe plane, dont le rayon de courbure au point A sera

$$\frac{1}{T \cos^2 \varphi + V \sin^2 \varphi}.$$

4. Toutes les fois qu'on aura $T = V$, les rayons de courbure de toutes les sections normales seront égaux. Si au contraire T et V sont différents, il est évident, puisque $T \cos^2\varphi + V \sin^2\varphi$ pour chaque valeur de l'angle φ tombera entre T et V, que les rayons de courbure des sections principales, considérées en 1 et 2, se rapportent aux courbures extrêmes ; c'est-à-dire l'un à la courbure maximum, l'autre à la courbure minimum, si T et V sont affectés du même signe ; et au contraire l'un à la convexité maximum, l'autre à la concavité maximum, si T et V ont des signes contraires. Ces conclusions renferment à peu près tout ce que l'illustre Euler a le premier enseigné sur la courbure des surfaces.

5. La mesure de la courbure d'une surface courbe en un point A prend la forme très-simple $\mathrm{K} = \mathrm{T\,V}$, d'où ce théorème :

La mesure de la courbure en chaque point d'une surface est égale à une fraction dont le numérateur est l'unité, et dont le dénominateur est le produit des deux rayons de courbure extrêmes dans les sections par des plans normaux [1].

En même temps l'on voit que la mesure de la courbure sera positive pour les surfaces concavo-concaves ou convexo-convexes (distinction qui n'a rien d'essentiel), négative au contraire pour les surfaces concavo-convexes. Si la surface se compose de parties appartenant à ces deux genres, la mesure de la courbure devra s'évanouir dans les points où la transition se fera. Nous reviendrons tout à l'heure plus en détail sur les propriétés de ces surfaces pour lesquelles la mesure de la courbure s'évanouit quelque part.

IX.

La formule donnée à la fin du § VII pour la mesure de la courbure est la plus simple de toutes les formules générales, en ce qu'elle ne renferme que cinq éléments ; nous arriverons à une formule plus compliquée, renfermant neuf éléments si nous voulons employer la première des méthodes que nous avons dit être propres à étudier les caractères des surfaces. Reprenant les notations du § IV, nous poserons en outre

$$\frac{d^2\mathrm{W}}{dx^2} = \mathrm{P'} \qquad \frac{d^2\mathrm{W}}{dy^2} = \mathrm{Q'}, \qquad \frac{d^2\mathrm{W}}{dz^2} = \mathrm{R'},$$

$$\frac{d^2\mathrm{W}}{dy\,dz} = \mathrm{P''}, \qquad \frac{d^2\mathrm{W}}{dx\,dz} = \mathrm{Q''}, \qquad \frac{d^2\mathrm{W}}{dx\,dy} = \mathrm{R''},$$

---

[1] Voir ci-après, *Etude des surfaces continues*, § XVII, pag. 34.

de sorte que l'on aura

$$dP = P' dx + R'' dy + Q'' dz,$$
$$dQ = R'' dx + Q' dy + P'' dz,$$
$$dR = Q'' dx + P'' dy + R' dz.$$

Maintenant, puisqu'on a $t = -\frac{P}{R}$, nous obtenons, par la différentiation,

$$R^2 dt = -RdP + PdR = (PQ'' - RP') dx + (PP'' - RR'') dy$$
$$+ (PR' - RQ'') dz,$$

ou bien, en éliminant z à l'aide de l'équation $Pdx + Qdy + Rdz = 0$,

$$R^3 dt = (-R^2 P' + 2PRQ'' - P^2 R') dx$$
$$+ (PRP'' + QRQ'' - PQR' - R^2 R'') dy.$$

On a de même

$$R^3 du = (PRP'' + QRQ'' - PQR' - R^2 R'') dx$$
$$+ (-R^2 Q' + 2QRP'' - Q^2 R') dy.$$

Et de là nous concluons

$$R^3 T = -R^2 P' + 2PRQ'' - P^2 R',$$
$$R^3 U = PRP'' + QRQ'' - PQR' - R^2 R'',$$
$$R^3 V = -R^2 Q' + 2QRP'' - Q^2 R'.$$

En substituant ces valeurs dans la formule du § VII, nous obtenons pour la mesure de la courbure k l'expression symétrique suivante :

$$(P^2 + Q^2 + R^2)^2 k = P^2 (Q'R' - P''^2) + Q^2 (P'R' - Q''^2)$$
$$+ R^2 (P'Q' - R''^2) + 2QR (Q''R'' - P'P'')$$
$$+ 2PR (P''R'' - Q'Q'') + 2PQ (P''Q'' - R'R'').$$

X.

Nous obtenons une formule encore plus compliquée et renfermant quinze éléments, si nous voulons suivre la seconde des méthodes propres à l'étude des surfaces. Il est très-important cependant d'arriver à cette formule. Pour cela, nous reprendrons les notations du § IV, et nous poserons en outre :

$$\frac{d^2 x}{dp^2} = a, \qquad \frac{d^2 x}{dp\, dq} = a', \qquad \frac{d^2 x}{dq^2} = a'',$$

$$\frac{d^2 y}{dp^2} = \beta, \qquad \frac{d^2 y}{dp\, dq} = \beta', \qquad \frac{d^2 y}{dq^2} = \beta'',$$

$$\frac{d^2 z}{dp^2} = \gamma, \qquad \frac{d^2 z}{dp\, dq} = \gamma', \qquad \frac{d^2 z}{dq^2} = \gamma''.$$

En outre nous ferons, pour abréger,

$$bc' - cb' = A,$$
$$ca' - ac' = B,$$
$$ab' - ba' = C.$$

Cela posé, nous observons d'abord que l'on a

$$A\, dx + B\, dy + C\, dz = 0,$$

ou bien

$$dz = -\frac{A}{C}\, dx - \frac{B}{C}\, dy;$$

en sorte qu'en regardant z comme une fonction de x, y, on doit avoir

$$\frac{dz}{dx} = t = -\frac{A}{C},$$

$$\frac{dz}{dy} = u = -\frac{B}{C}.$$

Mais des équations $dx = adp + a'\, dq$, $dy = bdp + b'\, dq$, nous tirons

$$C\, dp = b'\, dx - a'\, dy,$$
$$C\, dq = -bdx + ady.$$

Par là nous obtenons les différentielles complètes de t et de u :

$$C^2 dt = \left(A\frac{dC}{dp} - C\frac{dA}{dp} \right)(b'\, dx - a'\, dy) + \left(C\frac{dA}{dq} - A\frac{dC}{dq} \right)(bdx - ady),$$

$$C^3 du = \left(B\frac{dC}{dp} - C\frac{dB}{dp} \right)(b'\, dx - a'\, dy) + \left(C\frac{dB}{dq} - B\frac{dC}{dq} \right)(bdx - ady).$$

Maintenant si dans ces formules nous substituons les valeurs suivantes :

$$\frac{d\mathrm{A}}{dp} = c'\beta + b\gamma' - c\beta' - b'\gamma,$$

$$\frac{d\mathrm{A}}{dq} = c'\beta' + b\gamma'' - c\beta'' - b'\gamma',$$

$$\frac{d\mathrm{B}}{dp} = a'\gamma + c\alpha' - a\gamma' - c'\alpha,$$

$$\frac{d\mathrm{B}}{dq} = a'\gamma' + c\alpha'' - a\gamma'' - c'\alpha',$$

$$\frac{d\mathrm{C}}{dp} = b'\alpha + a\beta' - b\alpha' - a'\beta,$$

$$\frac{d\mathrm{C}}{dq} = b'\alpha' + a\beta'' - b\alpha'' - a'\beta',$$

et si nous remarquons que les valeurs des différentielles dt, du, ainsi obtenues, doivent être égales, indépendamment des différentielles dx, dy, aux quantités $\mathrm{T}dx + \mathrm{U}dy$, $\mathrm{U}dx + \mathrm{V}dy$, respectivement, nous trouverons, après quelques transformations assez aisées,

$$\mathrm{C}^2\mathrm{T} = \alpha\mathrm{A}b'^2 + \beta\mathrm{B}b'^2 + \gamma\mathrm{C}b'^2$$
$$- 2\alpha'\mathrm{A}bb' - 2\beta'\mathrm{B}bb' - 2\gamma'\mathrm{C}bb'$$
$$+ \alpha''\mathrm{A}b^2 + \beta''\mathrm{B}b^2 + \gamma''\mathrm{C}b^2,$$

$$\mathrm{C}^2\mathrm{U} = -\alpha\mathrm{A}a'b' - \beta\mathrm{B}a'b' - \gamma\mathrm{C}a'b'$$
$$+ \alpha'\mathrm{A}(ab' + ba') + \beta'\mathrm{B}(ab' + ba') + \gamma'\mathrm{C}(ab' + ba')$$
$$- \alpha''\mathrm{A}ab - \beta''\mathrm{B}ab - \gamma''\mathrm{C}ab,$$

$$\mathrm{C}^2\mathrm{V} = \alpha\mathrm{A}a'^2 + \beta\mathrm{B}a'^2 + \gamma\mathrm{C}a'^2$$
$$- 2\alpha'\mathrm{A}aa' - 2\beta'\mathrm{B}aa' - 2\gamma'\mathrm{C}aa'$$
$$+ \alpha''\mathrm{A}a^2 + \beta''\mathrm{B}a^2 + \gamma''\mathrm{C}a^2.$$

Si maintenant nous posons, pour abréger,

$$(1) \qquad \mathrm{A}\alpha + \mathrm{B}\beta + \mathrm{C}\gamma = \mathrm{D},$$
$$(2) \qquad \mathrm{A}\alpha' + \mathrm{B}\beta' + \mathrm{C}\gamma' = \mathrm{D}',$$
$$(3) \qquad \mathrm{A}\alpha'' + \mathrm{B}\beta'' + \mathrm{C}\gamma'' = \mathrm{D}'',$$

il viendra

$$C^3T = D b'^2 - 2 D'bb' + D''b^2,$$
$$C^3U = -D a'b' + D'(ab' + ba') - D''ab,$$
$$C^3V = D a'^2 - 2 D'aa' + D''a^2.$$

Par là nous obtenons, tous calculs faits,

$$C^6(TV - U^2) = (DD'' - D'^2)(ab' - ba')^2 = (DD'' - D'^2) C^2,$$

d'où résulte l'expression suivante, pour la mesure de la courbure,

$$k = \frac{DD'' - D'^2}{(A^2 + B^2 + C^2)^2}.$$

XI.

A l'aide de la formule ci-dessus, nous allons maintenant en obtenir une autre, qui peut être comptée au nombre des théorèmes les plus féconds dans la théorie des surfaces courbes. Introduisons les notations suivantes :

$$a^2 + b^2 + c^2 = E,$$
$$aa' + bb' + cc' = F,$$
$$a'^2 + b'^2 + c'^2 = G.$$

(4) $\qquad a\alpha + b\beta + c\gamma = m,$

(5) $\qquad a\alpha' + b\beta' + c\gamma' = m',$

(6) $\qquad a\alpha'' + b\beta'' + c\gamma'' = m'',$

(7) $\qquad a'\alpha + b'\beta + c'\gamma = n,$

(8) $\qquad a'\alpha' + b'\beta' + c'\gamma' = n',$

(9) $\qquad a'\alpha'' + b'\beta'' + c'\gamma'' = n'',$

$$A^2 + B^2 + C^2 = EG - F^2 = \Delta.$$

Eliminons des équations (1), (4), (7) les quantités β, γ, ce qui se fera en multipliant ces équations par $bc' - cb'$, $b'C - c'B$, $cB - bC$, et ajoutant, nous aurons ainsi

$$[A(bc' - cb') + a(b'C - c'B) + a'(cB - bC)]\alpha$$
$$= D(bc' - cb') + m(b'C - c'B) + n(cB - bC),$$

équation que nous transformons facilement en celle-ci :

$$AD = \alpha \Delta + a (nF - mG) + a' (mF - nE).$$

En éliminant des mêmes équations, soit α et γ, soit α et β, on obtiendrait de même

$$BD = \beta \Delta + b (nF - mG) + b' (mF - nE),$$
$$CD = \gamma \Delta + c (nF - mG) + c' (mF - nE).$$

Multipliant ces trois équations respectivement par α'', β'', γ'' et ajoutant, nous obtenons

(10)
$$DD'' = (\alpha\alpha'' + \beta\beta'' + \gamma\gamma'') \Delta$$
$$+ m'' (nF - mG) + n'' (mF - nE).$$

Si nous traitons de même les équations (2), (5), (8), il vient

$$AD' = \alpha' \Delta + a (n'F - m'G) + a' (m'F - n'E),$$
$$BD' = \beta' \Delta + b (n'F - m'G) + b' (m'F - n'E),$$
$$CD' = \gamma' \Delta + c (n'F - m'G) + c' (m'F - n'E);$$

multipliant ces équations respectivement par α', β', γ' et ajoutant, on a

$$D'^2 = (\alpha'^2 + \beta'^2 + \gamma'^2) \Delta + m' (n'F - m'G) + n' (m'F - n'E).$$

La combinaison de cette équation avec l'équation (10) donne

$$DD'' - D'^2 = (\alpha\alpha'' + \beta\beta'' + \gamma\gamma'' - \alpha'^2 - \beta'^2 - \gamma'^2) \Delta$$
$$+ E (n'^2 - nn'') + F (nm'' - 2m'n' + mn'') + G (m'^2 - mm'').$$

Maintenant il est évident que l'on a

$$\frac{dE}{dp} = 2m, \qquad \frac{dE}{dq} = 2m', \qquad \frac{dF}{dp} = m' + n, \qquad \frac{dF}{dq} = m'' + n',$$
$$\frac{dG}{dp} = 2n', \qquad \frac{dG}{dq} = 2n'',$$

ou bien

$$m = \frac{1}{2} \frac{dE}{dp}, \qquad m' = \frac{1}{2} \frac{dE}{dq}, \qquad m'' = \frac{dF}{dq} - \frac{1}{2} \frac{dG}{dp},$$
$$n = \frac{dF}{dp} - \frac{1}{2} \frac{dE}{dq}, \qquad n' = \frac{1}{2} \frac{dG}{dp}, \qquad n'' = \frac{1}{2} \frac{dG}{dq},$$

de plus, il est facile de s'assurer que l'on a

$$\alpha\alpha'' + \beta\beta'' + \gamma\gamma'' - \alpha'^2 - \beta'^2 - \gamma'^2 = \frac{dn}{dq} - \frac{dn'}{dp} = \frac{dm''}{dp} - \frac{dm'}{dq}$$

$$= -\frac{1}{2} \cdot \frac{d^2 E}{dq^2} + \frac{d^2 F}{dp\,dq} - \frac{1}{2} \cdot \frac{d^2 G}{dp^2}.$$

Si maintenant nous substituons ces expressions diverses dans la formule établie à la fin du § précédent, pour la mesure de la courbure, nous parvenons à la formule suivante, qui ne renferme que les seules quantités E, F, G, avec leurs quotients différentiels du premier et du second ordre,

$$4\,(EG - F^2)^2\,k = E\left[\frac{dE}{dq} \cdot \frac{dG}{dq} - 2\frac{dF}{dp} \cdot \frac{dG}{dq} + \left(\frac{dG}{dp}\right)^2\right]$$

$$+ F\left(\frac{dE}{dp} \cdot \frac{dG}{dq} + \frac{dE}{dq} \cdot \frac{dG}{dp} - 2\frac{dE}{dq} \cdot \frac{dF}{dq} + 4\frac{dF}{dp} \cdot \frac{dF}{dq} - 2\frac{dF}{dp} \cdot \frac{dG}{dp}\right)$$

$$+ G\left[\frac{dE}{dp} \cdot \frac{dG}{dp} - 2\frac{dE}{dp} \cdot \frac{dF}{dq} + \left(\frac{dE}{dq}\right)^2\right]$$

$$- 2\,(EG - F^2)\left(\frac{d^2 E}{dq^2} - 2\frac{d^2 F}{dp\,dq} + \frac{d^2 G}{dp^2}\right).$$

XII.

Si l'on remarque que l'on a toujours

$$dx^2 + dy^2 + dz^2 = E\,dp^2 + 2F\,dp.dq + G\,dq^2,$$

on voit de suite que $\sqrt{E\,dp^2 + 2F\,dp\,dq + G\,dq^2}$ est l'expression générale de l'élément linéaire d'une surface courbe. Cela étant, l'analyse exposée dans le § précédent nous apprend que, pour trouver la mesure de la courbure, on n'a pas besoin de formules finies donnant les coordonnées x, y, z, en fonction des indéterminées p et q, mais qu'il suffit d'avoir l'expression générale de la grandeur de chaque élément linéaire. Venons à quelques applications de cet important théorème.

Supposons que notre surface courbe puisse être appliquée sur une autre surface, courbe ou plane, de telle sorte qu'à chaque point de la première surface déterminé par les coordonnées x, y, z, il vienne correspondre un point déterminé de la seconde surface, dont les coordonnées soient x', y', z'. Il est évident que x', y', z' peuvent aussi être considérés comme des fonctions de p et de q, d'où pour l'élément $\sqrt{dx'^2 + dy'^2 + dz'^2}$ une expression telle que

$$\sqrt{E'dp^2 + 2F'dp.dq + G'dq^2},$$

E', F', G' étant aussi des fonctions de p et de q. Mais par la notion même de l'*application* dont il s'agit ici, les éléments qui se correspondent sur chaque surface seront nécessairement égaux, et l'on aura identiquement

$$E = E', \qquad F = F', \qquad G = G';$$

de sorte que la formule du § précédent conduit spontanément à ce théorème remarquable

Si une surface courbe est appliquée sur une autre surface courbe quelconque, la mesure de la courbure en chaque point reste invariable [1].

Par suite, *la courbure intégrale d'une portion finie quelconque de la surface ne changera pas.*

Un cas particulier auquel les géomètres avaient jusqu'ici borné leurs recherches est celui des surfaces développables, ou susceptibles d'être appliquées sur un plan. Notre théorie nous apprend spontanément que, pour de telles surfaces, la mesure de la courbure en chaque point sera $= 0$; c'est pourquoi, si l'on définit analytiquement ces surfaces en suivant la troisième méthode, on aura, pour chaque point,

$$\frac{d^2z}{dx^2} \cdot \frac{d^2z}{dy^2} - \left(\frac{d^2z}{dx\,dy}\right)^2 = 0,$$

équation caractéristique qui est connue depuis longtemps, mais qu'à notre avis, du moins, on ne démontre pas d'ordinaire avec toute la rigueur désirable [2].

---

[1] Voir ci-après, *Etude des surfaces continues*, § XII.

[2] Voir ci-après, note (a).

XIII,

Les considérations que nous venons d'exposer se lient à un mode particulier d'envisager les surfaces, qui nous paraît digne au plus haut degré de fixer l'attention des géomètres. En effet, si l'on considère une surface non comme la limite d'un solide, mais bien comme un solide flexible et inextensible, dont une dimension est censée s'évanouir, les propriétés de la surface dépendront en partie de la forme particulière qu'elle peut prendre, par suite d'une flexion telle qu'on voudra, et seront, en partie, absolues et invariables, quelle que soit cette forme. C'est à cette dernière sorte de propriétés, dont l'étude ouvre à la géométrie un champ nouveau et très-vaste, que se rapportent la mesure de la courbure et la courbure intégrale, dans le sens que nous donnons à ces expressions; on peut envisager sous le même point de vue la théorie des lignes géodésiques, et d'autres sujets que nous nous réservons de traiter plus tard. Dans cet ordre de considérations, une surface plane ou une surface développable, qu'elle soit cylindrique ou conique, etc., sont regardées comme essentiellement identiques, et nous trouvons un mode générique de caractériser ces surfaces qui consiste à se servir de l'expression $\sqrt{E\,dp^2 + 2F\,dp\,dq + G\,dq^2}$ qui lie un élément linéaire quelconque aux indéterminées p et q. Mais avant d'entrer dans plus de développements sur ce sujet, il importe de présenter les principes de la théorie des lignes géodésiques sur une surface courbe donnée.

XIV.

On caractérise, en général, une ligne courbe dans l'espace en considérant les coordonnées x, y, z de tous ses points comme de certaines fonctions d'une seule variable que nous appellerons w. La longueur d'une telle ligne, à partir d'un point initial arbitraire jusqu'au point dont les coordonnées sont x, y, z, est exprimée par l'intégrale

$$\int dw \cdot \sqrt{\left(\frac{dx}{dw}\right)^2 + \left(\frac{dy}{dw}\right)^2 + \left(\frac{dz}{dw}\right)^2}.$$

Si nous supposons que la position de cette courbe éprouve une variation infiniment petite, de telle sorte que les coordonnées de chaque point reçoivent des variations δx, δy, δz, la variation de la longueur totale sera

$$= \int \frac{dx \cdot d\delta x + dy \cdot d\delta y + dz \cdot d\delta z}{\sqrt{dx^2 + dy^2 + dz^2}},$$

expression que l'on peut mettre sous la forme

$$\frac{dx \cdot \delta x + dy \cdot \delta y + dz \cdot \delta z}{\sqrt{dx^2 + dy^2 + dz^2}}$$

$$- \int \left\{ \begin{array}{l} \delta x \cdot d \frac{dx}{\sqrt{dx^2 + dy^2 + dz^2}} + \delta y \cdot d \frac{dy}{\sqrt{dx^2 + dy^2 + dz^2}} \\ + \delta z \cdot d \frac{dz}{\sqrt{dx^2 + dy^2 + dz^2}} \end{array} \right\}.$$

Dans le cas où la ligne doit être la plus courte possible entre ses points extrêmes, il est clair que les quantités sous le signe $\int$ doivent s'évanouir. Si la ligne doit se trouver sur une surface donnée, caractérisée par l'équation,

$$P dx + Q dy + R dz = 0,$$

les variations δx, δy, δz devront aussi satisfaire à l'équation

$$P \delta x + Q \delta y + R \delta z = 0;$$

d'où, par des principes bien connus, l'on conclut facilement que les différentielles

$$d \cdot \frac{dx}{\sqrt{dx^2 + dy^2 + dz^2}}, \quad d \cdot \frac{dy}{\sqrt{dx^2 + dy^2 + dz^2}}, \quad d \cdot \frac{dz}{\sqrt{dx^2 + dy^2 + dz^2}},$$

doivent être respectivement proportionnelles aux quantités P, Q, R. Soit maintenant dr l'élément de la ligne courbe, λ le point de la surface sphérique auxiliaire qui représente la direction de cet élément, L le point de la même surface sphérique qui représente la direction de la normale à la surface courbe ; enfin soient ξ, η, ζ les coordonnées du point λ, et X, Y, Z les coordonnées du point L par rapport au centre de la sphère ; on aura

$$dx = \xi\,dr, \quad dy = \eta\,dr, \quad dz = \zeta\,dr\,;$$

d'où nous concluons que les différentielles ci-dessus seront représentées par $d\xi,\ d\eta,\ d\zeta$. Et comme les quantités P, Q, R sont elles-mêmes proportionnelles à X, Y, Z, la ligne la plus courte sera représentée par les équations

$$\frac{d\xi}{X} = \frac{d\eta}{Y} = \frac{d\zeta}{Z}.$$

Au reste, il est facile de voir que $\sqrt{d\xi^2 + d\eta^2 + d\zeta^2}$ représente l'arc de la surface sphérique qui mesure l'angle des directions des tangentes au commencement et à la fin de l'élément dr, et dont la valeur est $\frac{dr}{\rho}$, en représentant par ρ le rayon de courbure de la géodésique en ce point. D'après cela, on aura

$$\rho\,d\xi = X\,dr, \quad \rho\,d\eta = Y\,dr, \quad \rho\,d\zeta = Z\,dr.$$

XV.

Considérons, sur une surface courbe, une infinité de géodésiques partant d'un même point donné A, et distinguons ces lignes entre elles par l'angle que fait le premier élément de chacune avec le premier élément de l'une d'elles prise pour terme de comparaison ; soit φ cet angle, ou, plus généralement, une fonction de cet angle, et r la longueur comprise entre le point A et le point dont les coordonnées sont x, y, z, sur la ligne géodésique correspondante à l'angle φ. Comme à des valeurs données de r et φ il correspond des points déterminés de la surface, on peut regarder x, y, z comme des fonctions des variables r et φ. Conservons, d'autre part, les notations λ, L, ξ, η, ζ, X, Y, Z dans le sens des définitions données ci-dessus, en les rapportant à un point quelconque de telle ligne géodésique qu'on voudra.

Toutes les lignes géodésiques de même longueur r seront terminées à une autre ligne dont nous représenterons par v la longueur, à partir d'un de ses points arbitrairement choisi. On pourra considérer v comme une fonction des indéterminées r et φ, et si nous désignons par λ' le point de la surface sphérique auxiliaire qui représente la direction de l'élément dv, et, en outre, par ξ', η', ζ' les coordonnées de ce point par rapport au centre de la sphère, nous aurons

$$\frac{dx}{d\varphi} = \xi' \cdot \frac{dv}{d\varphi}, \qquad \frac{dy}{d\varphi} = \eta' \cdot \frac{dv}{d\varphi}, \qquad \frac{dz}{d\varphi} = \zeta' \cdot \frac{dv}{d\varphi}.$$

de là, et des équations

$$\frac{dx}{dr} = \xi, \qquad \frac{dy}{dr} = \eta, \qquad \frac{dz}{dr} = \zeta,$$

il résulte que l'on a

$$\frac{dx}{dr} \cdot \frac{dx}{d\varphi} + \frac{dy}{dr} \cdot \frac{dy}{d\varphi} + \frac{dz}{dr} \cdot \frac{dz}{d\varphi} = (\xi\xi' + \eta\eta' + \zeta\zeta') \frac{dv}{d\varphi} = \cos \lambda\lambda' \cdot \frac{dv}{d\varphi}.$$

Nous désignerons par S le premier membre de cette équation. S sera une fonction des variables r et φ, qui nous donnera, en différentiant par rapport à r,

$$\frac{dS}{dr} = \frac{d^2x}{dr^2} \cdot \frac{dx}{d\varphi} + \frac{d^2y}{dr^2} \cdot \frac{dy}{d\varphi} + \frac{d^2z}{dr^2} \cdot \frac{dz}{d\varphi}$$

$$+ \frac{1}{2} \frac{d\left[\left(\frac{dx}{dr}\right)^2 + \left(\frac{dy}{dr}\right)^2 + \left(\frac{dz}{dr}\right)^2\right]}{d\varphi}$$

$$= \frac{d\xi}{dr} \cdot \frac{dx}{d\varphi} + \frac{d\eta}{dr} \cdot \frac{dy}{d\varphi} + \frac{d\zeta}{dr} \cdot \frac{dz}{d\varphi} + \frac{1}{2} \frac{d(\xi^2 + \eta^2 + \zeta^2)}{d\varphi}.$$

Mais $\xi^2 + \eta^2 + \zeta^2 = 1$, et, par suite, la différentielle de cette quantité $= 0$; d'autre part, d'après le § précédent, nous avons, en désignant maintenant par ρ le rayon de courbure de la ligne géodésique à son extrémité

$$\frac{d\xi}{dr} = \frac{X}{\rho}, \qquad \frac{d\eta}{dr} = \frac{Y}{\rho}, \qquad \frac{d\zeta}{dr} = \frac{Z}{\rho}.$$

Nous obtenons ainsi

$$\frac{dS}{dr} = \frac{1}{\rho} \ (X\xi' + Y\eta' + Z\zeta') \quad \frac{dv}{d\varphi} = \frac{1}{\rho} \ \cos L\,\lambda \cdot \frac{dv}{d\varphi} = 0,$$

puisque le point λ' appartient évidemment au grand cercle dont le pôle est L. De là nous concluons que S est indépendant de r et n'est fonction que de φ. Mais pour $r = 0$, on a évidemment $v = 0$, et conséquemment aussi $\frac{dv}{d\varphi} = 0$, avec S $= 0$, indépendamment de φ. On aura donc généralement, de toute nécessité, S $= 0$, et par suite $\cos \lambda\lambda' = 0$, c'est-à-dire $\lambda\lambda' = 90°$. D'où nous concluons :

THÉORÈME. — *Si l'on mène, sur une surface courbe, à partir d'un même point, une infinité de lignes géodésiques de même longueur, la ligne qui joint les extrémités de ces lignes les coupera toutes à angle droit.*

Nous avons pensé qu'il importait de déduire ce théorème de la propriété fondamentale des lignes géodésiques, mais on peut le démontrer sans aucun calcul par le raisonnement suivant. Soient AB, AB' deux lignes géodésiques de même longueur, faisant en A un angle infiniment petit ; supposons que l'un ou l'autre des deux angles que fait l'élément BB' avec les lignes BA, B'A diffère d'un angle droit d'une quantité finie ; alors, par la loi de continuité, l'un de ces angles sera plus grand, l'autre plus petit qu'un angle droit. Supposons que l'angle en B soit $= 90° - \omega$, et prenons sur la ligne BA un point C tel que l'on ait

$$BC = BB'.\ \coséc\ \omega,$$

il sera permis de traiter le triangle infiniment petit BB'C comme plan, et l'on aura

$$CB' = BC \ .\ \cos \omega,$$

et par suite

$$AC + CB' = AC + BC \ .\ \cos \omega = AB - BC\,(1 - \cos \omega)$$
$$= AB' - BC\,(1 - \cos \omega),$$

5

c'est-à-dire que le chemin de A en B' par le point C serait plus court que la ligne la plus courte, ce qui est absurde.

XVI.

Au théorème précédent nous joignons celui-ci :

Si l'on conçoit, sur une surface courbe, une ligne quelconque, de chacun des points de laquelle partent sous des angles droits et du même côté de la surface une infinité de lignes géodésiques de même longueur, la courbe qui joint les extrémités de ces lignes les coupera toutes à angle droit. Pour la démonstration de ce théorème, il n'y a rien à changer duns l'analyse précédente, si ce n'est que φ doit désigner la longueur de la courbe *donnée*, comptée à partir d'un point arbitraire, ou, si l'on aime mieux, une fonction de cette longueur; de cette manière, les mêmes raisonnements s'appliqueront, avec cette modification que l'équation S=o pour r=o est impliquée maintenant dans l'hypothèse elle-même. Du reste, ce nouveau théorème n'est autre chose que le théorème précédent généralisé ; car on en déduit ce dernier en adoptant pour la ligne donnée un cercle infiniment petit décrit autour du point A comme centre. Enfin, nous avertissons qu'on peut remplacer ici comme précédemment l'analyse par des considérations géométriques, qui sont, d'ailleurs, si aisées à découvrir, que nous jugeons inutile de nous y arrêter ([1]).

XVII.

Nous retournons à la formule $\sqrt{E\,dp^2 + 2F\,dp.\,dq + G\,dq^2}$ qui représente généralement la grandeur d'un élément linéaire sur une surface courbe, et, avant tout, nous allons examiner la signification géométrique des coefficients E, F, G. Déjà nous avons averti, au § V, que l'on pouvait, sur une surface

---

([1]) Voir ci-après, note (*b*).

courbe, concevoir deux systèmes de lignes : l'un pour lequel p est variable, q constant; l'autre pour lequel q est variable, p constant. Chaque point de la surface peut être considéré comme étant l'intersection d'une ligne du premier système avec une ligne du second ; et alors l'élément de la première ligne adjacent à ce point et correspondant à une variation dp, sera $= \sqrt{E}\, dp$; de même l'élément de la seconde ligne correspondant à une variation dq, sera $= \sqrt{G}\, dq$; enfin, en appelant ω l'angle compris entre ces éléments, on voit sans peine que $\cos \omega = \frac{F}{\sqrt{EG}}$. D'autre part, l'aire du parallélogramme infiniment petit, compris sur la surface courbe, entre deux lignes du premier système auxquelles correspondraient q et $q+dq$, et deux lignes du second système auxquelles correspondraient p et $p+dp$, sera $\sqrt{EG - FF}\, dp\, dq$.

Une ligne quelconque, sur la surface courbe, différente de celles qui appartiennent à l'un ou à l'autre de ces deux systèmes, s'obtient en concevant que p et q sont des fonctions d'une nouvelle variable, ou que l'une de ces quantités est fonction de l'autre. Soit S la longueur d'une telle courbe, menée à partir d'un point arbitraire comme origine, et dans un certain sens que nous regarderons comme positif. Appelons θ l'angle que fait l'élément $ds = \sqrt{E\, dp^2 + 2F\, dp.dq + G\, dq^2}$ avec la ligne du premier système qui passe par le commencement de l'élément ; et supposons, pour éviter toute ambiguïté, que l'angle θ est toujours compté à partir de la branche de cette ligne pour laquelle p augmente, et est regardé comme positif du côté où les valeurs de q augmentent elles-mêmes. Cela posé, il est très-aisé de voir que l'on a

$$\cos \theta \, . \, ds = \sqrt{E} \, . \, dp + \sqrt{G} \, . \, \cos \omega \, . \, dq = \frac{E\, dp + F\, dq}{\sqrt{E}},$$

$$\sin \theta \, . \, ds = \sqrt{G} \, . \, \sin \omega \, . \, dq = \frac{\sqrt{EG - F^2} \, . \, dq}{\sqrt{E}}$$

XVIII.

Nous chercherons maintenant quelle est la condition pour que cette ligne soit une géodésique. Puisque la longueur s est exprimée par l'intégrale

$$s = \int \sqrt{E\,dp^2 + 2F\,dp\,.\,dq + G\,dq^2},$$

la condition du minimum exige que la variation de cette intégrale soit nulle pour un changement infiniment petit dans le tracé de cette ligne. Le calcul auquel nous allons être conduits sera le plus simple possible, si nous considérons p comme une fonction de q. On aura alors, en représentant la variation de chaque quantité par la caractéristique δ

$$\delta s = \int \frac{\left(\dfrac{dE}{dp}\,.\,dp^2 + \dfrac{2\,dF}{dp}\,.\,dp\,.\,dq + \dfrac{dG}{dp}\,.\,dq^2 \right)\delta p + (2E\,dp + 2F\,dq)\,d\delta p}{2\,ds}$$

$$= \frac{E\,dp + F\,dq}{ds}\,.\,\delta p$$

$$+ \int \delta p \left(\frac{\dfrac{dE}{dp}\,.\,dp^2 + \dfrac{2\,dF}{dp}\,.\,dp\,.\,dq + \dfrac{dG}{dp}\,.\,dq^2}{2\,ds} - d\,\frac{E\,dp + F\,dq}{ds} \right),$$

et il est constant que les quantités comprises sous le signe $\int$ doivent s'évanouir indépendamment de δp. On aura donc

$$\frac{dE}{dp}\,.\,dp^2 + \frac{2\,dF}{dp}\,.\,dp\,.\,dq + \frac{dG}{dp}\,.\,dq^2 = 2\,ds\,.\,d\,\frac{E\,dp + F\,dq}{ds}$$

$$= 2\,ds\,.\,d\,.\,\sqrt{E}\cos\theta = \frac{ds\,.\,dE\,.\,\cos\theta}{\sqrt{E}} - 2\,ds\,.\,d\,\theta\,.\,\sqrt{E}\,.\,\sin\theta$$

$$= \frac{(E\,dp + F\,dq)\,dE}{E} - 2\sqrt{EG - F^2}\,.\,dq\,.\,d\theta$$

$$= \left(\frac{E\,dp + F\,dq}{E} \right)\,.\,\left(\frac{dE}{dp}\,dp + \frac{dE}{dq}\,.\,dq \right) - 2\sqrt{EG - F^2}\,.\,dq\,.\,d\theta.$$

Et de là nous tirons, pour la ligne géodésique, l'équation de condition suivante

$$\sqrt{\overline{EG-F^2}} \cdot d\theta = \frac{1}{2}\frac{F}{E} \cdot \frac{dE}{dp} \cdot dp + \frac{1}{2}\frac{F}{E} \cdot \frac{dE}{dq} \cdot dq + \frac{1}{2}\frac{dE}{dq} \cdot dp$$
$$- \frac{dF}{dp} \cdot dp - \frac{1}{2}\frac{dG}{dp} \cdot dq,$$

qu'il est permis d'écrire ainsi

$$\sqrt{EG-F^2} \cdot d\theta = \frac{1}{2}\frac{F}{E} \cdot dE + \frac{1}{2}\frac{dE}{dq} \cdot dp - \frac{dF}{dp} \cdot dp - \frac{1}{2}\frac{dG}{dp} \cdot dq.$$

Du reste, au moyen de l'équation

$$\cot \theta = \frac{E}{\sqrt{EG-F^2}} \cdot \frac{dp}{dq} + \frac{F}{\sqrt{EG-F^2}},$$

on pourrait éliminer θ de l'équation ci-dessus, et obtenir ainsi une équation différentielle entre p et q; mais elle serait plus compliquée et moins utile pour les applications.

XIX.

Les formules générales, propres à représenter la mesure de la courbure et la variation de la direction de la géodésique, auxquelles nous sommes parvenus dans les §§ XI et XVIII, deviennent beaucoup plus simples si les quantités p et q sont choisies de telle manière que les lignes du premier système coupent partout orthogonalement les lignes du second, c'est-à-dire de manière que l'on ait généralement $\omega = 90°$, ou $F = 0$. On a alors, en effet, pour la mesure de la courbure,

$$4\,E^2 G^2 k = E \cdot \frac{dE}{dq} \cdot \frac{dG}{dq} + E\left(\frac{dG}{dp}\right)^2 + G \cdot \frac{dE}{dp} \cdot \frac{dG}{dp} + G \cdot \left(\frac{dE}{dq}\right)^2$$
$$- 2\,EG\left(\frac{d^2E}{dq^2} + \frac{d^2G}{dp^2}\right),$$

et pour la variation de l'angle θ,

$$\sqrt{EG} \cdot d\theta = \frac{1}{2}\frac{dE}{dq} \cdot dp - \frac{1}{2}\frac{dG}{dp} \cdot dq.$$

Parmi les différents cas dans lesquels cette condition d'orthogonalité est remplie, il faut en premier lieu remarquer celui où toutes les lignes de l'un ou de l'autre système, par exemple du premier, sont des géodésiques. Alors, pour une valeur constante de q, l'angle θ devient $= 0$, et par suite l'équation ci-dessus, qui donne la variation de l'angle θ, montre que l'on doit avoir $\frac{dE}{dq} = 0$, ce qui veut dire que le coefficient E sera indépendant de q, et sera, par conséquent, ou bien constant ou bien fonction de la seule indéterminée p. On pourra, d'ailleurs, adopter simplement pour p la longueur elle-même de chaque ligne du premier système, comptée, si toutes les lignes du premier système concourent en un point, à partir de ce point, ou, autrement, à partir d'une ligne quelconque du second système. Cela posé, il est clair que les indéterminées p et q ne sont pas autre chose que les quantités que nous avons désignées par r et φ dans les § XV et XVI; il est clair aussi que l'on a $E = 1$. De cette manière les formules précédentes se changent en celles-ci :

$$4 G^2 k = \left(\frac{dG}{dp}\right)^2 - 2G\frac{d^2G}{dp^2},$$

$$\sqrt{G} \cdot d\theta = -\frac{1}{2}\frac{dG}{dp} \cdot dq,$$

ou, en posant $\sqrt{G} = m$,

$$k = -\frac{1}{m}\frac{d^2m}{dp^2}, \qquad d\theta = -\frac{dm}{dp} \cdot dq.$$

Généralement, m sera une fonction de p et de q, et $m\,dq$ l'expression d'un élément quelconque d'une ligne du second système. Mais dans le cas particulier où toutes les lignes p partent d'un même point, on aura évidemment pour $p = 0$, $m = 0$; si donc, dans ce cas, nous adoptons pour q l'angle même que le premier élément d'une ligne quelconque du premier système fait avec l'élément de l'une d'elles choisie pour terme de comparaison, et si nous remarquons que, pour une valeur infiniment petite de p, l'élément d'une ligne du second système (que l'on peut considérer comme un cercle décrit d'un rayon p), sera $= pdq$, nous aurons, pour une valeur infiniment petite de p, $m = p$, et par suite, pour $p = 0$, à la fois $m = 0$ et $\frac{dm}{dp} = 1$.

XX.

Arrêtons-nous encore un moment à cette supposition, dans laquelle p désigne la longueur indéfinie d'une ligne géodésique, menée d'un point déterminé A à un point quelconque de la surface, et q l'angle que le premier élément de cette ligne fait avec le premier élément d'une ligne géodésique donnée, partant du point A. Soit B, un point déterminé sur cette ligne, pour laquelle $q = 0$, et C un autre point déterminé sur la surface, pour lequel q aura une valeur que nous désignerons simplement par A. Supposons que les points B et C soient joints par une ligne géodésique, dont nous désignerons, d'une manière indéfinie, par s, comme au § XVIII, la longueur comptée à partir du point B ; nous désignerons aussi par θ, comme dans ce même §, l'angle que chaque élément ds fait, en un point quelconque, avec l'élément dp ; et, enfin, par θ^0, θ' les valeurs de l'angle θ dans les points B et C. Nous aurons ainsi sur la surface courbe un triangle compris entre trois lignes géodésiques, et les angles en B et C, que nous désignerons simplement par ces mêmes lettres, seront égaux, celui-là au complément de l'angle θ^0 à 180°, celui-ci à l'angle θ' lui-même. Mais comme, dans notre analyse, ainsi qu'il est facile de le voir, tous les angles doivent être censés exprimés, non en degrés, mais par des nombres, de telle sorte que l'angle de 57° 17′ 45″, auquel correspond un arc égal au rayon, soit pris pour unité, il faut poser, en appelant 2π la circonférence du cercle

$$\theta^0 = \pi - B, \qquad \theta' = C.$$

Cherchons maintenant quelle est la courbure intégrale de ce triangle ; la courbure, en un point donné, est $= kd\sigma$, $d\sigma$ représentant un élément superficiel; et comme cet élément est exprimé par $mdp.dq$, on voit qu'il faut calculer l'intégrale $\int\int kmdp.dq$, pour toute la surface du triangle. Commençons par l'intégration suivant p, qui, à cause de $k=-\frac{1}{m}\cdot\frac{d^2m}{dp^2}$, nous donne dq. (const. $-\frac{dm}{dp}$) pour la courbure intégrale de l'aire comprise entre les lignes du premier système auxquelles correspondent les valeurs de la seconde indéterminée q, $q+dq$; comme cette courbure intégrale doit s'évanouir pour $p=o$, la quantité constante introduite par l'intégration doit être égale à la valeur même de $\frac{dm}{dp}$ pour $p=o$, c'est-à-dire à l'unité. Nous avons ainsi dq $(1-\frac{dm}{dp})$, expression dans laquelle nous devons donner à $\frac{dm}{dp}$ la valeur que prend cette fonction au point où l'élément superficiel que l'on considère vient aboutir à la ligne CB. Mais, sur cette ligne, on a, d'après le paragraphe précédent, $\frac{dm}{dp}$ $dq=-d\theta$, en sorte que notre expression se change en $dq+d\theta$. Intégrant maintenant entre les limites $q=o$ et $q=$A, nous obtenons, pour la courbure intégrale du triangle, A$+\theta'-\theta^o=$A$+$B$+$C$-\pi$.

La courbure intégrale n'est autre chose que l'aire de cette portion de la surface sphérique auxiliaire qui correspond au triangle, affectée du signe positif ou du signe négatif, suivant que la surface courbe sur laquelle le triangle est tracé est concavo-concave, ou concavo-convexe; il faut d'ailleurs prendre pour unité de superficie le quadrant dont le côté est l'unité (le rayon de la sphère), ce qui donne 4π pour la surface totale de la sphère. Cela étant, la portion de surface sphérique qui correspond au triangle est à la surface entière de la sphère comme $\pm$ (A$+$B$+$C$-\pi$) est à 4π. Ce théorème, qui, si nous ne nous abusons point, peut être compté au nombre des plus élégants dans la théorie des surfaces courbes, peut aussi s'énoncer de la manière suivante:

La somme des angles d'un triangle formé par des lignes géodésiques sur une surface quelconque, est supérieure à 180° si cette surface est concavo-concave, et inférieure à 180° si elle est concavo-convexe, d'une quantité qui a pour mesure l'aire du triangle sphérique qui lui correspond, d'après les directions des normales, en comptant la surface totale de la sphère pour 720° [1].

---

[1] Voir ci-après, note (c).

Plus généralement, dans un polygone de n côtés, dont chaque côté serait formé par une ligne géodésique, la différence (en plus ou en moins, suivant la nature de la surface), entre la somme des angles et $2n-4$ droits, est égale à l'aire du polygone correspondant sur la surface sphérique, pourvu que l'on prenne 720° pour la surface totale de la sphère; c'est ce qui découle immédiatement du théorème précédent, en imaginant qu'on ait divisé le polygone donné en triangles.

XXI.

Restituons aux caractères p, q, E, F, G, ω, les significations générales qui leur avaient été attribuées précédemment, et supposons que la nature de la surface courbe que l'on considère, soit, en outre, définie à l'aide de deux variables du même genre, mais différentes, p' et q'; de telle sorte qu'un élément linéaire quelconque ait pour expression :

$$\sqrt{E' dp'^2 + 2F' dp' . dq' + G' dq'^2}.$$

Par là, à chaque point de la surface, défini par des valeurs déterminées des variables p et q, correspondront des valeurs déterminées des variables p' et q', en sorte que celles-ci seront de certaines fonctions de p et de q, fonctions dont nous supposerons que la différentiation donne

$$dp' = \alpha\, dp + \beta\, dq,$$
$$dq' = \gamma\, dp + \delta\, dq.$$

Nous nous proposons en ce moment de découvrir la signification géométrique de ces coefficients, α, β, γ, δ.

On peut, d'après ce qui précède, concevoir, sur la surface courbe, quatre systèmes de lignes, pour lesquelles, respectivement, p, q, p' et q' seront des constantes. Si, par le point déterminé auquel correspondent les valeurs p, q, p', q', nous supposons qu'on mène les quatre lignes de ces systèmes, les éléments de ces lignes qui correspondront aux variations positives dp, dq, dp', dq', seront

$$\sqrt{\overline{E}}.dp, \qquad \sqrt{\overline{G}}.dq, \qquad \sqrt{\overline{E'}}.dp', \qquad \sqrt{\overline{G'}}.dq'.$$

Les angles que les directions de ces éléments font avec une direction fixe arbitraire, nous les appellerons M, N, M', N', en les comptant dans le sens où la seconde ligne est placée par rapport à la première, de telle sorte que sin (N—M) soit une quantité positive ; nous supposerons (ce qui est permis), que la quatrième ligne soit placée de la même manière par rapport à la seconde, de telle sorte que sin (N'—M') soit aussi une quantité positive. Cela posé, si nous considérons un autre point, infiniment peu distant du premier, auquel correspondent les valeurs $p+dp$, $q+dq$, $p'+dp'$, $q'+dq'$, il nous suffira d'une légère attention pour voir que l'on a généralement, c'est-à-dire indépendamment des valeurs des variations dp, dq, dp', dq'.

$$\sqrt{\overline{E}}.dp.\sin M + \sqrt{\overline{G}}.dq.\sin N = \sqrt{\overline{E'}}.dp'.\sin M' + \sqrt{\overline{G'}}.dq'.\sin N',$$

car chacune de ces expressions n'est autre chose que la distance du nouveau point à la ligne à partir de laquelle les angles des directions sont comptés. Mais nous avons, d'après une notation déjà introduite, N—M=ω, et nous ferons, par analogie, N'—M'=ω'; nous poserons aussi N—M'=ψ. De cette manière, l'équation que nous venons de trouver prendra la forme suivante :

$$\sqrt{\overline{E}}.dp.\sin (M-\omega+\psi) + \sqrt{\overline{G}}.dq.\sin (M+\psi)$$
$$= \sqrt{\overline{E'}}.dp'.\sin M' + \sqrt{\overline{G'}}.dq'.\sin (M'+\omega'),$$

ou celle-ci :

$$\sqrt{\overline{E}}.dp.\sin (N-\omega-\omega'+\psi) + \sqrt{\overline{G}}.dq.\sin (N-\omega'+\psi)$$
$$= \sqrt{\overline{E'}}.dp'.\sin (N-\omega') + \sqrt{\overline{G'}}.dq'.\sin N'.$$

Et comme l'équation qui nous a conduit à ces deux formes doit évidemment exister indépendamment de la direction initiale, nous pouvons choisir arbitrairement cette direction. Faisant donc $N'=o$ dans la seconde forme, et $M'=o$ dans la première, nous obtiendrons les équations suivantes :

$$\sqrt{E'}.\sin \omega'.dp' = \sqrt{E}.\sin (\omega+\omega'-\psi).dp + \sqrt{G}.\sin (\omega'-\psi).dq,$$
$$\sqrt{G'}.\sin \omega'.dq' = \sqrt{E}.\sin (\psi-\omega).dp + \sqrt{G}.\sin \psi.dq;$$

Ces équations devant être identiques à celles-ci :

$$dp' = \alpha,dp + \beta,dp,$$
$$dq' = \gamma,dp + \delta,dq,$$

on pourra, par là, déterminer les valeurs des coefficients α, β, γ, δ. Ces valeurs seront

$$\alpha = \sqrt{\frac{E}{E'}}.\frac{\sin (\omega+\omega'-\psi)}{\sin \omega'}, \qquad \beta = \sqrt{\frac{G}{E'}}.\frac{\sin (\omega'-\psi)}{\sin \omega'},$$
$$\gamma = \sqrt{\frac{E}{G'}}.\frac{\sin (\psi-\omega)}{\sin \omega'}, \qquad \delta = \sqrt{\frac{G}{G'}}.\frac{\sin \psi}{\sin \omega'},$$

à quoi il faut joindre les équations

$$\cos \omega = \frac{F}{\sqrt{EG}}, \qquad \cos \omega' = \frac{F'}{\sqrt{E'G'}},$$
$$\sin \omega = \sqrt{\frac{EG-F^2}{EG}}, \qquad \sin \omega' = \sqrt{\frac{E'G'-F'^2}{E'G'}}.$$

à l'aide desquelles on peut écrire les quatre équations précédentes comme il suit :

$$\alpha\sqrt{E'G'-F'^2} = \sqrt{EG}.\sin (\omega + \omega'-\psi),$$
$$\beta\sqrt{E'G'-F'^2} = \sqrt{GG'}.\sin (\omega'-\psi),$$
$$\gamma\sqrt{E'G'-F'^2} = \sqrt{EE'}.\sin (\psi - \omega),$$
$$\delta\sqrt{E'G'-F'^2} = \sqrt{GE'}.\sin \psi.$$

Comme par les substitutions $dp'=\alpha dp+\beta dq$, $dq'=\gamma dp+\delta dq$, le trinôme

$$E' dp'^2 + 2F' dp'.dq' + G' dq'^2$$

doit se changer en $\mathrm{E}dp^2 + 2\mathrm{F}dp.dq + \mathrm{G}dq^2$, nous obtenons facilement

$$\mathrm{EG} - \mathrm{F}^2 = (\mathrm{E'G'} - \mathrm{F'^2})(\alpha\delta - \beta\gamma)^2 ;$$

et comme, inversément, le deuxième trinôme doit se changer en le premier, par les substitutions

$$(\alpha\delta - \beta\gamma)\, dp = \delta dp' - \beta dq', \quad (\alpha\delta - \beta\gamma)\, dq = -\gamma dp' + \alpha dq'.$$

nous trouvons aussi

$$\mathrm{E}\,\delta^2 - 2\mathrm{F}\gamma\delta + \mathrm{G}\gamma^2 = \frac{\mathrm{EG} - \mathrm{F}^2}{\mathrm{E'G'} - \mathrm{F'^2}} \cdot \mathrm{E'},$$

$$\mathrm{E}\beta\delta - \mathrm{F}(\alpha\delta + \beta\gamma) + \mathrm{G}\alpha\gamma = \frac{\mathrm{EG} - \mathrm{F}^2}{\mathrm{E'G'} - \mathrm{F'^2}} \cdot \mathrm{F'},$$

$$\mathrm{E}\beta^2 - 2\mathrm{F}\alpha\beta + \mathrm{G}\alpha^2 = \frac{\mathrm{EG} - \mathrm{F}^2}{\mathrm{E'G'} - \mathrm{F'^2}} \cdot \mathrm{G'}.$$

XXII.

Des recherches tout à fait générales, exposées dans le § précédent, nous allons descendre à une application très-étendue, dans laquelle, en conservant à p et q leurs significations les plus générales, nous adopterons pour p' et q' les quantités que nous avons appelées r et φ au § **XV**, en nous servant encore de ces mêmes caractères, de sorte que, pour chaque point de la surface, r sera la plus courte distance de ce point à un point pris pour origine, et φ l'angle compris à l'origine entre le premier élément et une certaine direction fixe. Nous avons ainsi $\mathrm{E'} = 1$, $\mathrm{F'} = 0$, $\omega' = 90°$; nous poserons, en outre, $\sqrt{\mathrm{G'}} = m$, en sorte qu'un élément linéaire quelconque deviendra $= \sqrt{dr^2 + m^2 d\varphi^2}$. De cette manière, les quatre équations exprimant α, β, γ, δ, auxquelles nous sommes parvenus dans le § précédent, nous donneront :

$$(1) \qquad \sqrt{E} . \cos (\omega - \psi) = \frac{dr}{dp} ,$$

$$(2) \qquad \sqrt{G} . \cos \psi = \frac{dr}{dq} ,$$

$$(3) \qquad \sqrt{E} . \sin (\psi - \omega) = m . \frac{d\varphi}{dp} ,$$

$$(4) \qquad \sqrt{G} . \sin \psi = m . \frac{d\varphi}{dq} .$$

Les deux dernières équations du § précédent donnent, en outre,

$$(5) \qquad EG - F^2 = E \left(\frac{dr}{dq}\right)^2 - 2F . \frac{dr}{dp} . \frac{dr}{dq} + G . \left(\frac{dr}{dp}\right)^2 ,$$

$$(6) \qquad \left(E . \frac{dr}{dq} - F \frac{dr}{dp}\right) \frac{d\varphi}{dq} = \left(F . \frac{dr}{dq} - G . \frac{dr}{dp}\right) \frac{d\varphi}{dp} .$$

C'est de ces équations qu'il faudra se servir pour la détermination des quantités r, φ, ψ, et (au besoin) m, en fonction de p et q; l'intégration de l'équation (5) donnera r; r étant trouvé, l'intégration de l'équation (6) donnera φ; ensuite l'une ou l'autre des équations (1), (2), fera connaître ψ; enfin, m s'obtiendra au moyen de l'une ou l'autre des équations (3), (4).

L'intégration générale des équations (5), (6), doit nécessairement introduire deux fonctions arbitraires, dont nous comprendrons facilement la signification, si nous réfléchissons que ces équations ne sont pas limitées au cas que nous considérons, mais qu'elles subsistent encore en prenant r et φ dans la signification plus générale que nous leur avons donnée au § XVI, de telle sorte que r soit la longueur de la ligne géodésique comptée à partir d'une courbe arbitraire qui la rencontre normalement, et φ une fonction arbitraire de la longueur de la portion de cette dernière courbe interceptée entre la géodésique et un point arbitrairement choisi. La solution générale doit embrasser toutes ces choses dans leur généralité; mais les fonctions arbitraires se changent en des fonctions déterminées quand on se donne la ligne arbitraire et la fonction que φ doit représenter. Dans le cas où nous nous sommes placés, on peut adopter un cercle infiniment petit, ayant son centre au point même à partir duquel les distances r sont comptées, et φ représentera les portions en lesquelles ce cercle est divisé par les différents rayons; d'où l'on conclut aisément que les équations (5) et (6) suffisent complétement pour ce cas, pourvu que les fonctions qu'elles laissent arbitraires, soient déterminées par la condition d'exprimer convenablement r et φ, soit pour le point initial, soit pour les points qui en sont infiniment peu distants.

Au reste, pour ce qui regarde l'intégration des équations (5) et (6), on peut la ramener à l'intégration d'équations différentielles ordinaires, mais tellement compliquées, qu'elles n'offriraient guère d'utilité. Au contraire, le développement en séries, qui est bien suffisant pour les applications pratiques toutes les fois qu'il s'agit de portions de surfaces restreintes, n'est sujet à aucune difficulté; des formules auxquelles on arrive ainsi, découle, comme d'une source féconde, la solution d'un grand nombre de problèmes extrêmement importants. Nous nous contenterons de traiter ici un exemple particulier, pour montrer le caractère de la méthode.

XXIII.

Nous considérerons le cas où toutes les lignes pour lesquelles p est constant sont des lignes géodésiques coupant normalement la ligne pour laquelle $\varphi = o$, ligne que nous pourrons regarder comme axe des abscisses. Soit A le point pour lequel $r = o$, D un point quelconque sur l'axe des abscisses, $AD = p$, B un point quelconque sur la ligne géodésique normale à AD en D, et $BD = q$, de telle sorte que p puisse être considéré comme l'abscisse, q comme l'ordonnée du point B; nous prenons les abscisses positives sur cette branche de l'axe des abscisses pour laquelle r a toujours des valeurs positives, en même temps que l'on a $\varphi = o$; et quant aux ordonnées, nous regardons comme positives celles qui se rapportent à cette région de la surface où l'angle φ a des valeurs comptées de $0°$ à $180°$.

D'après le théorème du § XVI, nous aurons $\omega = 90°$, $F = o$, et aussi $G = 1$; nous poserons, en outre, $\sqrt{E} = n$; n sera une certaine fonction de p et de q, telle que pour $q = o$, sa valeur sera $= 1$. L'application de la formule donnée dans le § XVIII au cas actuel, montre que dans une géodésique *quelconque*, on doit avoir $d\vartheta = -\frac{dn}{dq}.dp$, ϑ représentant l'angle compris entre un élément de cette ligne, et un élément de la ligne pour laquelle q est constant; et comme la ligne des abscisses est elle-même ici une géodésique, et que, pour tous ses points, on a $\vartheta = o$, il est clair que pour $q = o$, on aura partout $\frac{dn}{dq} = o$. De là nous concluons que si n est développé en série suivant les puissances croissantes de q, cette série aura la forme suivante :

$$n = 1 + fq^2 + gq^3 + hq^4 + \text{etc.},$$

f, g, h, etc., étant des fonctions de p; nous poserons, d'autre part,

$$f = f^o + f'p + f''p^2 + \text{etc.},$$
$$g = g^o + g'p + g''p^2 + \text{etc.},$$
$$h = h^o + h'p + h''p^2 + \text{etc.},$$

et nous aurons ainsi

$$n = 1 + f^o q^2 + f'pq^2 + f''p^2 q^2 + \text{etc.},$$
$$+ g^o q^3 + g'pq^3 + \text{etc.},$$
$$+ h^2 q^4 + \text{etc.}$$

XXIV.

Les équations du paragraphe XXII nous donnent, dans le cas actuel,

$$n \sin \psi = \frac{dr}{dp}, \ \cos \psi = \frac{dr}{dq}, \ -n\cos\psi = m.\frac{d\varphi}{dp}, \ \sin\psi = m.\frac{d\varphi}{dq},$$
$$n^2 = n^2 \left(\frac{dr}{dq}\right)^2 + \left(\frac{dr}{dp}\right)^2, \quad n^2.\frac{dr}{dq}.\frac{d\varphi}{dq} + \frac{dr}{dp}.\frac{d\varphi}{dp} = o.$$

A l'aide de ces équations, dont la cinquième et la sixième sont maintenant renfermées dans les autres, on pourra développer en série r, φ, ψ, m, ou des fonctions quelconques de ces quantités; parmi ces séries, nous établirons ici celles qui sont le plus dignes d'attention.

Puisque, pour des valeurs infiniment petites de p et de q, on doit avoir $r^2 = p^2 + q^2$, la série qui donne r^2 doit commencer par les termes $p^2 + q^2$: nous obtenons les termes d'ordre supérieur par la méthode des coefficients indéterminés [1], au moyen de l'équation

$$\left(\frac{1}{n} \cdot \frac{d.r^2}{dp}\right)^2 + \left(\frac{d.r^2}{dq}\right) = 4r^2,$$

savoir:

$$[1] \quad r^2 = p^2 + \frac{3}{2} f^0 p^2 q^2 + \frac{1}{2} f p^3 q^2 + \left(\frac{2}{5} f'' - \frac{4}{45} f^{02}\right) p^4 q^2 + \text{etc.}$$
$$+ q^2 + \frac{1}{2} g^0 p^2 q^3 + \frac{2}{5} g' p^3 q^3$$
$$+ \left(\frac{2}{5} h^0 - \frac{7}{45} f^{02}\right) p^2 q^4.$$

Et de là nous tirons, en nous aidant de la formule $r \sin \psi = \frac{1}{2n} \cdot \frac{d.r^2}{dp}$,

$$[2] \left\{ \begin{array}{l} r \sin \psi = p - \frac{1}{3} f^0 pq^2 - \frac{1}{4} f' p^2 q^2 - \left(\frac{1}{5} f'' + \frac{8}{45} f^{02}\right) p^3 q^2 + \cdots \\ \qquad - \frac{1}{2} g^0 pq^3 - \frac{2}{5} g' p^2 q^3 \\ \qquad - \left(\frac{3}{5} h^0 - \frac{8}{45} f^{02}\right) pq^4, \end{array} \right.$$

et de même, à l'aide de la formule $r \cos \psi = \frac{1}{2} \cdot \frac{d.r^2}{dq}$,

---

[1] Nous avons jugé inutile de donner ici ce calcul, qu'on peut d'ailleurs abréger à l'aide de quelques artifices. (*Note de M. Gauss.*)

$$(3)\begin{cases} r\cos\psi = q + \frac{2}{3}f'p^2q + \frac{1}{2}fp^3q + \left(\frac{2}{5}f'' - \frac{4}{45}f'^2\right)p^4q + \dots \\[2mm] \qquad\qquad + \frac{3}{4}g^0p^2q^2 + \frac{3}{5}g'p^3q^2 \\[2mm] \qquad\qquad\qquad + \left(\frac{4}{5}h^0 - \frac{14}{45}f'^2\right)p^2q^3. \end{cases}$$

équations dont la combinaison fait connaître l'angle ψ. De même l'angle φ s'obtiendra, sous la forme la plus convenable, au moyen des séries dans lesquelles se développeront $r\cos\varphi$ et $r\sin\varphi$; pour cela, il faut se servir des équations aux différentielles partielles

$$\frac{d.r\cos\varphi}{dp} = n\cos\varphi.\sin\psi - r\sin\varphi.\frac{d\varphi}{dp},$$

$$\frac{d.r\cos\varphi}{dq} = \cos\varphi.\cos\psi - r\sin\varphi.\frac{d\varphi}{dq},$$

$$\frac{d.r\sin\varphi}{dp} = n\sin\varphi.\sin\psi + r\cos\varphi.\frac{d\varphi}{dp},$$

$$\frac{d.r\sin\varphi}{dq} = \sin\varphi.\cos\psi + r\cos\varphi.\frac{d\varphi}{dq},$$

$$n\cos\psi.\frac{d\varphi}{dq} + \sin\psi.\frac{d\varphi}{dp} = 0,$$

dont la combinaison donne

$$\frac{r\sin\psi}{n}.\frac{d.r\cos\varphi}{dp} + r\cos\psi.\frac{d.r\cos\varphi}{dq} = r\cos\varphi,$$

$$\frac{r\sin\psi}{n}.\frac{d.r\sin\varphi}{dp} + r\cos\psi.\frac{d.r\sin\varphi}{dq} = r\sin\varphi.$$

De là on déduit facilement les séries qui donnent $r\cos\varphi$, $r\sin\varphi$; ces séries, dont les premiers termes doivent évidemment être p et q, sont les suivantes:

$$(4)\begin{cases} r\cos\varphi = p + \frac{2}{3}f'pq^2 + \frac{5}{12}f p^2q^2 + \left(\frac{3}{10}f'' - \frac{8}{45}f'^2\right)p^3q^2 + \dots \\[2mm] \qquad\qquad + \frac{1}{2}g^0pq^3 + \frac{7}{20}g'p^2q^3 \\[2mm] \qquad\qquad\qquad + \left(\frac{2}{5}h^0 - \frac{7}{45}f'^2\right)pq^4, \end{cases}$$

$$
\text{(5)} \quad
\begin{cases}
r \sin \varphi = q - \dfrac{1}{3} f^{0} p^{2} q - \dfrac{1}{6} f' p^{3} q - \left(\dfrac{1}{10} f'' - \dfrac{7}{90} f^{0\,2} \right) p^{4} q - \dots \\[2mm]
\qquad\qquad - \dfrac{1}{4} g^{0} p^{2} q^{2} - \dfrac{2}{20} g' p^{3} q^{2} \\[2mm]
\qquad\qquad\qquad - \left(\dfrac{1}{5} h^{0} + \dfrac{14}{90} f^{0\,2} \right) p^{2} q^{3}.
\end{cases}
$$

De la combinaison des équations [2], [3], [4], [5], on pourrait tirer une série pour $r^{2} \cos(\psi + \varphi)$, et de là, en divisant par la série [1], une série pour $\cos(\psi + \varphi)$, à l'aide de laquelle on pourrait arriver à une série donnant l'angle $\psi + \varphi$ lui-même. Mais on obtient ce dernier résultat d'une manière plus élégante comme il suit. En différentiant la première et la deuxième des équations que nous avons écrites au commencement de ce §, nous obtenons

$$
\sin \psi . \frac{dn}{dq} + n \cos \psi . \frac{d\psi}{dq} + \sin \psi . \frac{d\psi}{dp} = 0 \, ;
$$

équation qui, combinée avec celle-ci :

$$
n \cos \psi . \frac{d\varphi}{dq} + \sin \psi . \frac{d\varphi}{dp} = 0 \, ,
$$

nous donnera

$$
\frac{r \sin \psi}{n} . \frac{dn}{dq} + \frac{r \sin \psi}{n} . \frac{d(\psi + \varphi)}{dp} + r \cos \psi . \frac{d(\psi + \varphi)}{dp} = 0 .
$$

De cette équation nous tirerons facilement, par la méthode des coefficients indéterminés, une série pour $\psi + \varphi$; cette série, dont le premier terme doit être $\frac{1}{2} \pi$ (le rayon étant pris pour unité, et 2π étant la circonférence du cercle) sera la suivante :

$$
\text{(6)} \quad
\begin{cases}
\psi + \varphi = \dfrac{1}{2} \pi - f^{0} pq - \dfrac{2}{3} f' p^{2} q - \left(\dfrac{1}{2} f'' - \dfrac{1}{6} f^{0\,2} \right) p^{3} q - \dots \\[2mm]
\qquad\qquad - g^{0} pq^{2} - \dfrac{3}{4} g' p^{2} q^{2} \\[2mm]
\qquad\qquad\qquad - \left(h^{0} - \dfrac{1}{3} f^{0\,2} \right) p q^{3}.
\end{cases}
$$

Il nous paraît utile de développer aussi en série l'aire du triangle **ABD**. Pour ce développement, nous nous servirons de l'équation de condition suivante, que l'on déduit de considérations géométriques aisées à découvrir ([1]), et dans laquelle S est l'aire cherchée :

$$\frac{r\sin\psi}{n} \cdot \frac{dS}{dp} + r\cos\psi \cdot \frac{dS}{dq} = \frac{r\sin\psi}{n} \int n\,dq,$$

l'intégration ayant pour point de départ la valeur $q=o$. Et de là nous obtenons, par la méthode des coefficients indéterminés :

$$(7)\begin{cases} S = \frac{1}{2}pq - \frac{1}{12}f^0 p^3 q - \frac{1}{20}f'p^4 q - \left(\frac{1}{30}f'' - \frac{1}{60}f^{02}\right)p^5 q - \cdots \\[2mm] \quad - \frac{1}{12}f^0 pq^3 - \frac{3}{40}g^0 p^3 q^2 - \frac{1}{20}g'p^4 q^2 \\[2mm] \quad\quad - \frac{7}{120}f'p^2 q^3 - \left(\frac{1}{15}h^0 + \frac{2}{45}f'' + \frac{1}{60}f^{02}\right)p^3 q^3 \\[2mm] \quad\quad\quad - \frac{1}{10}g^0 pq^4 - \frac{3}{40}g'p^2 q^4 \\[2mm] \quad\quad\quad\quad - \left(\frac{1}{10}h^0 - \frac{1}{30}f^{02}\right)pq^5. \end{cases}$$

XXV.

Des formules du § précédent, se rapportant à un triangle rectangle formé par des lignes géodésiques, nous allons nous élever à des formules tout à fait générales. Soit **C** un autre point sur la même ligne géodésique **DB**, pour lequel, p restant le même, les caractères q', r', φ', ψ', S', désigneront les mêmes choses que q, r, φ, ψ, S pour le point B. Nous obtenons ainsi un triangle **ABC**, dont nous représenterons les angles par **A**, **B**, **C**, les côtés opposés à ces angles par a, b, c, et la surface par σ ; nous expri-

---

([1]) Voir ci-après, note (d).

merons par α, β, γ, la mesure de la courbure dans les points A, B, C ; supposant d'ailleurs (ce qui nous est permis) que les quantités p, q, $q-q'$ soient positives, nous avons

$$A = \varphi - \varphi', \qquad B = \psi, \qquad C = \pi - \psi',$$
$$a = q - q', \qquad b = r', \qquad c = r, \qquad \sigma = S - S'.$$

Avant tout, nous développerons σ en série. En changeant, dans la formule [7], chacune des quantités qui se rapportent à B, en celles qui se rapportent à C, on obtient S', et par là, en poussant le calcul jusqu'aux quantités du sixième ordre,

$$\sigma = \frac{1}{2} p (q - q') \left\{ \begin{array}{l} 1 - \dfrac{1}{6} f^\circ (p^2 + q^2 + qq' + q'^2) \\[2mm] - \dfrac{1}{60} f' p (6p^2 + 7q^2 + 7qq' + 7q'^2) \\[2mm] - \dfrac{1}{20} g^\circ (q + q') (3p^2 + 4q^2 + 4qq' + 4q'^2) \end{array} \right\}.$$

Cette formule, au moyen de la série [2], savoir :

$$c \sin B = p \left(1 - \frac{1}{3} f^\circ q^2 - \frac{1}{4} f' pq^2 - \frac{1}{2} g^\circ q^3 - \ldots \right),$$

se change en celle-ci :

$$\sigma = \frac{1}{2} ac \sin B \left\{ \begin{array}{l} 1 - \dfrac{1}{6} f^\circ (p^2 - q^2 + qq' + q'^2) \\[2mm] - \dfrac{1}{60} f' p (6p^2 - 8q^2 + 7qq' + 7q'^2) \\[2mm] - \dfrac{1}{20} g^\circ (3p^2 q + 3p^2 q' - 6q^3 + 4q^2 q' + 4qq'^2 + 4q'^3) \end{array} \right\}.$$

La mesure de la courbure pour un point quelconque de la surface (d'après le § XIX, où m, p, q avaient respectivement les significations que nous attribuons ici à n, q, p) est

$$-\frac{1}{n} \cdot \frac{d^2 n}{dq^2} = -\frac{2f + 6gq + 12hq^2 + \ldots}{1 + fq^2 + \ldots}$$
$$= -2f - 6gp - (12h - 2f^2) q^2 \ldots$$

D'où il suit que, si p et q se rapportent au point B, on a

$$\beta = -2\,f^0 - 2\,f'\,p - 6\,g^0\,q - 2\,f''\,p^2 - 6\,g'\,pq$$
$$- (12\,h^0 - 2\,f^{02})\,q^2 - \ldots,$$

on a de même, pour les points C et A,

$$\gamma = -2\,f^0 - 2\,f'\,p - 6\,g^0\,q' - 2\,f''\,p^2 - 6\,g'\,pq'$$
$$- (12\,h^0 - 2\,f^{02})\,q'^2 - \ldots,$$
$$\alpha = -2\,f^0.$$

Introduisant ces quantités dans la série qui donne σ, nous obtiendrons l'expression suivante, qui est rigoureusement exacte jusqu'aux quantités du sixième ordre (exclusivement)

$$\alpha = \frac{1}{2}\,ac\,\sin B \left\{ \begin{array}{l} 1 + \dfrac{1}{120}\,\alpha\,(4\,p^2 - 2\,q^2 + 3\,qq' + 3\,q'^2) \\[2mm] + \dfrac{1}{120}\,\beta\,(3\,p^2 - 6\,q^2 + 6\,qq' + 3\,q'^2) \\[2mm] + \dfrac{1}{120}\,\gamma\,(3\,p^2 - 2\,q^2 + qq' + 4\,q'^2) \end{array} \right\}\cdot$$

On peut, sans sortir des mêmes limites d'approximation, remplacer p, q et q' respectivement par $c \sin B$, $c \cos B$, $c \cos B - a$, et l'on a ainsi

$$(8)\qquad \gamma = \frac{1}{2}\,bc\,\sin A \left\{ \begin{array}{l} 1 + \dfrac{1}{120}\,\alpha\,(3\,a^2 + 4\,c^2 - 9\,ac\,\cos B) \\[2mm] + \dfrac{1}{120}\,\beta\,(3\,a^2 + 3\,c^2 - 12\,ac\,\cos B) \\[2mm] + \dfrac{1}{120}\,\gamma\,(4\,a^2 + 3\,c^2 - 9\,ac\,\cos B) \end{array} \right\}\cdot$$

Et comme, dans cette équation, tout ce qui se rapporte à la ligne AD, menée perpendiculairement sur BC, a disparu, nous pouvons permuter ensemble les points A, B, C, et nous obtiendrons, toujours dans les mêmes limites d'approximation,

$$(9) \qquad \sigma = \frac{1}{2} bc \sin A \left\{ \begin{array}{l} 1 + \frac{1}{120} \alpha \left(3\ b^2 + 3\ c^2 - 12\ bc \cos A \right) \\[6pt] + \frac{1}{120} \beta \left(3\ b^2 + 4\ c^2 - 9\ bc \cos A \right) \\[6pt] + \frac{1}{120} \gamma \left(4\ b^2 + 3\ c^2 - 9\ bc \cos A \right) \end{array} \right\}.$$

$$(10) \qquad \sigma = \frac{1}{2} ab \sin C \left\{ \begin{array}{l} 1 + \frac{1}{120} \alpha \left(3\ a^2 + 4\ b^2 - 9\ ac \cos C \right) \\[6pt] + \frac{1}{120} \beta \left(4\ a^2 + 3\ b^2 - 9\ ab \cos C \right) \\[6pt] + \frac{1}{120} \gamma \left(3\ a^2 + 3\ b^2 - 12\ ab \cos C \right) \end{array} \right\}.$$

XXVI.

On peut, avec avantage, introduire ici la considération du triangle plan rectiligne dont les côtés sont a, b, c ; les angles de ce triangle, que nous désignerons par A*, B*, C*, diffèrent des angles du triangle sur la surface courbe, c'est-à-dire, de A, B, C de quantités du second ordre, et il n'est pas sans intérêt de développer avec soin ces différences. Nous nous contenterons du reste de poser les bases des calculs auxquels on est ainsi conduit, calculs plus prolixes que difficiles.

En changeant dans les formules [1], [4], [5] les quantités qui se rapportent à B en celles qui se rapportent à C, nous trouverons les formules propres à donner r'^2, $r' \cos \varphi'$, $r' \sin \varphi'$. Alors le développement de l'expression

$$r^2 + r'^2 - (q - q')^2 - 2\ r \cos \varphi \,.\, r' \cos \varphi' - 2\ r \sin \varphi \,.\, r' \sin \varphi',$$

qui est

$$= b^2 + c^2 - a^2 - 2\,bc\,(\cos \mathrm{A}^* - \cos \mathrm{A}),$$

combiné avec le développement de l'expression

$$r \sin_\varphi . \, r'\cos \varphi' - r \cos \varphi . \, r'\sin_{\varphi'},$$

qui est $= bc \sin \mathrm{A}$, fournit la formule suivante :

$$\begin{aligned}\cos \mathrm{A}^* - \cos \mathrm{A} \\ = -(q-q')\,p \sin \mathrm{A}\end{aligned}\left\{\begin{array}{l}\left(\frac{1}{3}f^0 + \frac{1}{6}f'\right)p + \frac{1}{4}g^0\,(q+q') \\[6pt] + \left(\frac{1}{10}f'' - \frac{1}{45}\ f^{0\,2}\ \right)p^2 + \frac{3}{20}\,g\,p'\,(q+q') \\[6pt] + \left(\frac{1}{5}h^0 - \frac{1}{90}\ f^{0\,2}\ \right)(q^2 + qq' + q'^2) + \dots\end{array}\right\}.$$

D'où l'on tire jusqu'aux quantités du cinquième ordre,

$$\mathrm{A}^* - \mathrm{A} = -(q-q')\,p\left\{\begin{array}{l}\frac{1}{3}f^0 + \frac{1}{6}f'\,p + \frac{1}{4}g^0\,(q+q') + \frac{1}{10}f''\,p^2 \\[6pt] + \frac{3}{20}\,g'\,p\,(q+q') + \frac{1}{5}h^0\,(q^2 + qq' + q'^2 \\[6pt] - \frac{1}{90}f^{0\,2}\,(7\,p^2 + 7\,q^2 + 12\,qq' + 7\,q'^2)\end{array}\right\}.$$

En combinant cette formule avec celle-ci

$$2\,\sigma = ap\left[1 - \frac{1}{6}\,f^0\,(p^2 + q^2 + qq' + q'^2 - \dots)\right].$$

et avec les valeurs des quantités α, β, γ trouvées dans le § précédent, nous obtenons, jusqu'aux quantités du cinquième ordre,

$$(11) \quad A^* = A - \sigma \left\{ \begin{array}{l} \frac{1}{6}\,\alpha + \frac{1}{12}\,\beta + \frac{1}{12}\,\gamma + \frac{1}{15}\,f''\,p^2 + \frac{1}{5}\,g'\,p\,(q+q') \\[2mm] + \frac{1}{5}\,h^0\,(3\,q^2 - 2\,qq' + 3\,q'^2) \\[2mm] + \frac{1}{90}\,f'^2\,(4\,p^2 - 11\,q^2 + 14\,qq' - 11\,q'^2) \end{array} \right\}.$$

Par des opérations semblables, nous trouvons

$$(12) \quad B^* = B - \sigma \left\{ \begin{array}{l} \frac{1}{12}\,\alpha + \frac{1}{6}\,\beta + \frac{1}{12}\,\gamma + \frac{1}{10}\,f''p^2 + \frac{1}{10}\,g'p\,(2q+q') \\[2mm] + \frac{1}{5}\,h^0 + (4q^2 - 4qq' + 3q'^2) \\[2mm] - \frac{1}{90}\,f'^2\,(2p^2 + 8q^2 - 8qq' + 11q'^2) \end{array} \right\}.$$

$$(13) \quad C^* = C - \sigma \left\{ \begin{array}{l} \frac{1}{12}\,\alpha + \frac{1}{12}\,\beta + \frac{1}{6}\,\gamma + \frac{1}{10}\,f''p^2 + \frac{1}{10}\,g'p\,(q+2q') \\[2mm] + \frac{1}{5}\,h^0\,(3q^2 - 4qq' + 4q'^2) \\[2mm] - \frac{1}{90}\,f'^2\,(2p^2 + 11q^2 - 8qq' + 8q'^2) \end{array} \right\}.$$

Réunissant ces résultats, et remarquant que la somme $A^* + B^* + C^*$ est égale à deux angles droits, nous en concluons l'excès de la somme $A + B + C$ sur deux droits, savoir :

$$(14) \quad A + B + C = \pi + \sigma \left\{ \begin{array}{l} \frac{1}{3}\,\alpha + \frac{1}{3}\,\beta + \frac{1}{3}\,\gamma + \frac{1}{3}\,f''p^2 + \frac{1}{2}\,g'p\,(q+q') \\[2mm] + \left(2h^0 - \frac{1}{3}\,f'^2 \right)(q^2 - qq' - q'^2) \end{array} \right\}.$$

On aurait pu, du reste, déduire aussi cette dernière équation de la formule [6].

XXVII.

Si la surface courbe est une sphère dont le rayon $=R$, on aura

$$\alpha = \beta = \gamma = -2 f^\circ = \frac{1}{R^2}, \; f'' = 0, \; g' = 0, 6\, h^\circ - f^{\circ\,2} = 0,$$

ou bien

$$h^\circ = \frac{1}{24\,R^4}.$$

Par suite, la formule [14] devient

$$A + B + C = \pi + \frac{\sigma}{R^2},$$

laquelle jouit d'une précision absolue ; d'autre part, les formules [11], [12], [13] donnent

$$A^* = A - \frac{\sigma}{3\,R^2} - \frac{\sigma}{180\,R^4}\,(2\,p^2 - q^2 + 4\,qq' - q'^2),$$

$$B^* = B - \frac{\sigma}{3\,R^2} + \frac{\sigma}{180\,R^4}\,(p^2 - 2\,q^2 + 2\,qq' + q'^2),$$

$$C^* = C - \frac{\sigma}{3\,R^2} + \frac{\sigma}{180\,R^4}\,(p^2 + q^2 + 2\,qq' - 2\,q'^2).$$

ou, dans les mêmes limites d'approximation,

$$A^* = A - \frac{\sigma}{3\,R^2} - \frac{\sigma}{180\,R^4}\,(b^2 + c^2 - 2\,a^2),$$

$$B^* = B - \frac{\sigma}{3\,R^2} - \frac{\sigma}{180\,R^4}\,(a^2 + c^2 - 2\,b^2),$$

$$C^* = C - \frac{\sigma}{3\,R^2} - \frac{\sigma}{180\,R^4}\,(a^2 + b^2 - 2\,c^2).$$

8

En négligeant les quantités du quatrième ordre, ces formules donnent immédiatement le théorème si connu, dû à l'illustre Legendre.

XXVIII.

Nos formules générales, quand on rejette les termes du quatrième ordre, deviennent extrêmement simples, savoir :

$$A^* = A - \frac{1}{12} \sigma (2\alpha + \beta + \gamma),$$

$$B^* = B - \frac{1}{12} \sigma (\alpha + 2\beta + \gamma),$$

$$C^* = C - \frac{1}{12} \sigma (\alpha + \beta + 2\gamma),$$

Ainsi, les angles A, B, C sur une surface non sphérique, doivent subir des réductions inégales, pour que leurs sinus deviennent proportionnels aux côtés opposés. L'inégalité, généralement parlant, sera du troisième ordre ; mais si la surface diffère peu d'une sphère, alors l'inégalité atteint un ordre plus élevé : sur la surface de la terre, dans les triangles mêmes les plus étendus dont il soit possible de mesurer les angles, on peut regarder la différence comme tout à fait insensible. Par exemple, dans le plus grand triangle parmi ceux que nous avons eu l'occasion de mesurer, il y a quelques années, celui compris entre les points Hohehagen, Brocken, Inselsberg, dans lequel l'excès de la somme des angles se trouve être de 14″,85348, le calcul nous donna, pour les réductions applicables à chaque angle,

Hohehagen........ — 4″,95113,
Brocken.......... — 4″,95104,
Inselsberg........ — 4″,95131.

XXIX.

Pour terminer ces recherches, nous ajouterons encore la comparaison de l'aire d'un triangle sur une surface courbe avec l'aire d'un triangle rectiligne ayant a, b, c pour côtés. Nous désignerons l'aire de ce triangle rectiligne par σ^*, qui sera

$$= \frac{1}{2}\, bc \sin A^* = \frac{1}{2}\, ac \sin B^* = \frac{1}{2}\, ab \sin C^*.$$

Nous avons, jusqu'aux quantités du quatrième ordre,

$$\sin A^* = \sin A - \frac{1}{12}\, \sigma \cos A . \; (2\alpha + \beta + \gamma),$$

ou, dans les mêmes limites d'approximation,

$$\sin A = \sin A^* \left[1 + \frac{1}{24}\, bc \cos A . \; (2\alpha + \beta + \gamma) \right].$$

En substituant cette valeur dans la formule [9], on aura, jusqu'aux quantités du sixième ordre,

$$\sigma = \frac{1}{2}\, bc \sin A^* \left\{ \begin{array}{l} 1 + \frac{1}{120}\, \alpha\,(3\,b^2 + 3\,c^2 - 2\,bc \cos A) \\[4pt] + \frac{1}{120}\, \beta\,(3\,b^2 + 4\,c^2 - 4\,bc \cos A) \\[4pt] + \frac{1}{120}\, \gamma\,(4\,b^2 + 3\,c^2 - 4\,bc \cos A) \end{array} \right\},$$

ou, avec la même approximation,

$$\sigma = \sigma^* \left\{ \begin{array}{l} 1 + \frac{1}{120}\, \alpha\,(a^2 + 2\,b^2 + 2\,c^2) + \frac{1}{120}\, \beta\,(2\,a^2 + b^2 + 2\,c^2) \\[4pt] + \frac{1}{120}\, \gamma\,(2\,a^2 + 2\,b^2 + c^2) \end{array} \right\}.$$

Pour une surface sphérique, cette formule prend la forme

$$\sigma = \sigma^* \left[1 + \frac{1}{24} \alpha \left(a^2 + b^2 + c^2 \right) \right],$$

à la place de laquelle on peut, comme il est aisé de s'en assurer, adopter la suivante, dans les mêmes limites d'approximation :

$$\sigma = \sigma^* \sqrt{\frac{\sin A \cdot \sin B \cdot \sin C}{\sin A^* \cdot \sin B^* \cdot \sin C^*}}$$

Si cette même formule est appliquée à des triangles tracés sur une surface courbe non sphérique, l'erreur, généralement parlant, sera du cinquième ordre, mais tout à fait insensible dans tous les triangles qu'il est possible de mesurer sur la surface de la terre.

NOTES.

(a)

La démonstration de M. Gauss prouve rigoureusement que toute surface développable satisfait à l'équation différentielle $\frac{d^2 z}{dx^2} \cdot \frac{d^2 z}{dy^2} - \left(\frac{d^2 z}{dx\,dy}\right)^2 = o$; mais il restait à faire voir que, réciproquement, cette équation ne peut appartenir qu'à une telle surface. C'est ce qu'a démontré récemment M. Liouville, en se servant d'un système de coordonnées très-simple et tout à fait général. Dans ce système de coordonnées, l'expression d'un élément linéaire de la surface est $ds^2 = \lambda \, (d\alpha^2 + d\beta^2)$, ce qui revient à supposer $F = o$, $E = G$, dans les formules de M. Gauss ; et il est aisé de s'assurer qu'on peut toujours faire cette supposition. (Voyez l'édition de la *Géométrie analytique de Monge*, publiée par M. Liouville — 1850 — Notes II et IV. — Voyez aussi notre *Étude des surfaces continues*, ci-après.)

(b)

Les théorèmes des §§ XV et XVI résultent immédiatement de la considération des termes en dehors du signe $\int$ dans l'expression donnée au § XIV; ces termes, négligés par M. Gauss, doivent être écrits ainsi, en ayant égard au point de départ (1) et au point d'arrivée (2), et supposant que la longueur s, comptée à partir d'une certaine courbe de départ, soit adoptée comme variable indépendante,

$$\frac{dx \, \delta x + dy \, \delta y + dz \, \delta z}{\sqrt{dx^2 + dy^2 + dz^2}} \underset{2}{} = \frac{dx \, \delta x + dy \, \delta y + dz \, \delta z}{\sqrt{dx^2 + dy^2 + dz^2}} \underset{1}{}$$

Si l'un de ces termes, le second par exemple, est nul, alors la géodésique sera normale à la *courbe de départ* ; et, dans ce cas, le premier terme devant s'évanouir aussi, il en résulte que la géodésique sera également normale à la courbe d'arrivée. Voyez, au surplus, ci-après, le *Mémoire sur les Courbes* qui rendent minimum l'intégrale $\int \varphi \, (v) \, ds$; nous avons donné, dans ce Mémoire, aux théorèmes de M. Gauss, relatifs aux géodésiques, toute l'extension dont ils sont susceptibles, du moins à un certain point de vue.

(c)

Le plan pouvant être regardé comme la transition entre les surfaces concavo-concaves et concavo-convexes, ce qui revient à dire que les normales ont, pour chaque point, une direction constante, on voit que le théorème de *la somme des angles d'un triangle plan égale à deux droits*, vient se placer ici comme un cas particulier du beau théorème de M. Gauss.

(d)

Imaginons qu'on prolonge la géodésique AD d'une longueur $DD'{=}ndp$, et qu'on mène en D′ la géodésique orthogonale, en la prolongeant jusqu'à sa rencontre en B′ avec la géodésique AB, laquelle est caractérisée, en coordonnées r et φ par l'équation

[1] $$\varphi = \text{Constante.}$$

L'aire BDD′B′ s'exprimera par l'intégrale $dp \displaystyle\int_{0}^{q} ndq$, en sorte que l'on aura

[2] $$\frac{dS}{dp}dp + \frac{dS}{dq}\,dq = dp\int_{0}^{q} ndq$$

les variations dp et dq étant liées ensemble par l'équation différentielle, déduite de [1],

$$\frac{d\varphi}{dp}\,dp + \frac{d\varphi}{dq}\,dq = o$$

équation qu'on peut remplacer par celle-ci

[3] $$- n \cos \psi . dp + \sin \psi\, dq = o.$$

La combinaison des deux équations [2] et [3] donne immédiatement l'équation

$$\frac{r \sin \psi}{n} . \frac{dS}{dp} + r \cos \psi \frac{dS}{dq} = \frac{r \sin \psi}{n} \int_{0}^{q} ndq,$$

qui est celle dont M. Gauss se sert pour développer S en série.

ÉTUDE

DES

SURFACES CONTINUES.

ETUDE DES SURFACES CONTINUES

PAR LA COMPARAISON DE CES SURFACES AVEC LE PLAN TANGENT ET LES SPHÈRES OSCULATRICES (*).

I.

L'équation d'une surface, en coordonnées x, y, z, l'origine étant sur la surface même, peut généralement s'écrire ainsi

$$z = \left(\frac{dz}{dx}\right)_{\circ} x + \left(\frac{dz}{dy}\right)_{\circ} y + \frac{1}{2}\left(\frac{d^2 z}{dx^2}\right)_{\circ} x^2 + \left(\frac{d^2 z}{dxdy}\right)_{\circ} xy + \frac{1}{2}\left(\frac{d^2 z}{dy^2}\right)_{\circ} y^2 + \Omega,$$

Ω ne renfermant que des termes d'ordre supérieur au second, et les coefficients $\left(\frac{dz}{dx}\right)_{\circ}$, $\left(\frac{dz}{dy}\right)_{\circ}$, etc., étant des constantes dont la valeur est celle des coefficients différentiels $\left(\frac{dz}{dx}\right)$, $\left(\frac{dz}{dy}\right)$, etc., pour $x = 0$, $y = 0$, $z = 0$.

(*) L'objet principal de cette étude est de présenter à un point de vue tout à fait élémentaire, parmi les propriétés les plus remarquables des surfaces courbes, celles qui sont indépendantes de la forme particulière des surfaces, et peuvent être dérivées uniquement du *principe de continuité* autour d'un point. Notre travail ne renferme, du reste, aucuns résultats nouveaux, à l'exception, toutefois, des théorèmes démontrés dans les §§ XVI, XVIII et XIX.

9

Si aucune de ces constantes n'est infinie, il existera *un contact du premier ordre* entre cette surface et le plan dont l'équation serait

[1]
$$z = \left(\frac{dz}{dx}\right)_0 x + \left(\frac{dz}{dy}\right)_0 y,$$

c'est-à-dire que les valeurs de z qui correspondront, pour le plan et pour la surface, à des valeurs égales, mais quelconques, de x et y, ne différeront que de quantités du second ordre ; tout autre plan $z = \mu x + \nu y$, n'aurait un contact du premier ordre avec la surface que suivant une direction donnée, en projection xy, par l'équation

$$\left[\left(\frac{dz}{dx}\right)_0 - \mu\right] x + \left[\left(\frac{dz}{dy}\right)_0 - \nu\right] y = o,$$

d'où

$$\frac{y}{x} = -\frac{\left(\frac{dz}{dx}\right)_0 - \mu}{\left(\frac{dz}{dy}\right)_0 - \nu}$$

Le plan [1], ainsi caractérisé, n'est autre chose que le *plan tangent* de la surface, au point choisi pour origine des coordonnées. Que si l'on veut adopter ce plan même pour plan des xy, alors l'équation générale de la surface prendra simplement la forme

[2]
$$z = \frac{1}{2A} x^2 + \frac{1}{C} xy + \frac{1}{2B} y^2 + \Omega.$$

Réciproquement, toute surface qui a, en un point donné M un *plan tangent*, c'est-à-dire, qui est telle que les directions de toutes les droites qu'on peut mener de ce point à tous les points infiniment peu distants, s'éloignent infiniment peu d'un seul et même plan passant par le point M, aura évidemment une équation de cette forme, en prenant ce plan pour plan des xy, et cette équation sera telle que les coefficients des termes en x^2, xy et y^2

seront nécessairement finis, Ω étant d'ailleurs une quantité finie et d'ordre supérieur au second. Une telle surface est dite *continue* autour du point M, et c'est seulement de ce genre de surfaces que nous nous occuperons.

II.

Il ne saurait y avoir, en général, un contact du second ordre entre une surface courbe et un plan; cela ne peut avoir lieu que pour les points de la surface dont les coordonnées satisfont à la condition

$$\frac{1}{2A}\,x^2 + \frac{1}{C}\,xy + \frac{1}{2B}\,y^2 = o\,,$$

équation qui donne deux valeurs de $\frac{y}{x}$, c'est-à-dire, deux directions autour du point M, réelles ou imaginaires suivant le signe de la quantité $\frac{1}{AB} - \frac{1}{C^2}$. Ces deux directions se réduisent à une seule si $\frac{1}{AB} - \frac{1}{C^2} = o$. Nous reviendrons tout à l'heure sur la signification géométrique de ces resultats (§ VII).

III.

Soit maintenant

$$(x - \alpha)^2 + (y - \beta)^2 + (z - \gamma)^2 = R^2$$

l'équation d'une sphère qui passera par l'origine des coordonnées si l'on a $\alpha^2 + \beta^2 + \gamma^2 = R^2$, condition que nous supposerons remplie. Développons l'ordonnée z en série, suivant les puissances croissantes de x et de y. Nous aurons à cet effet

$$\frac{dz}{dx} = -\frac{x-\alpha}{z-\gamma}, \text{ et, à l'o-} \left(\frac{dz}{dx}\right)_0 = -\frac{\alpha}{\gamma},$$

$$\frac{dz}{dy} = -\frac{y-\beta}{z-\gamma}, \text{ et} \dots \left(\frac{dz}{dy}\right)_0 = -\frac{\beta}{\gamma},$$

$$\frac{d^2z}{dx^2} = -\frac{1}{z-\gamma} + \frac{(x-\alpha)\frac{dz}{dx}}{(z-\gamma)^2} = -\frac{(z-\gamma)^2 + (x-\alpha)^2}{(z-\gamma)^3}, \text{ et} \left(\frac{d^2z}{dx^2}\right)_0 = -\frac{\alpha^2+\gamma^2}{\gamma^3},$$

$$\frac{d^2z}{dy^2} = -\frac{(z-\gamma)^2 + (y-\beta)^2}{(z-\gamma)^3}, \text{ et} \left(\frac{d^2z}{dy^2}\right)_0 = -\frac{\beta^2+\gamma^2}{\gamma^3},$$

$$\frac{d^2z}{dx\,dy} = \frac{(x-\alpha)\frac{dz}{dy}}{(z-\gamma)^2} = -\frac{(x-\alpha)(y-\beta)}{(z-\gamma)^3}, \text{ et} \dots \left(\frac{d^2z}{dx\,dy}\right)_0 = -\frac{\alpha\beta}{\gamma^3},$$

Ainsi l'équation de la sphère pourra s'écrire

$$z = -\frac{\alpha}{\gamma}x - \frac{\beta}{\gamma}y - \frac{\alpha^2+\gamma^2}{2\gamma^3}x^2 - \frac{\alpha\beta}{\gamma^3}xy - \frac{\beta^2+\gamma^2}{2\gamma^3}y^2 + \Omega,$$

ou, en prenant le plan tangent pour plan des xy, ce qui revient à faire $\alpha = o$, $\beta = o$ (et par là on voit que tout rayon est normal à la surface de la sphère, c'est-à-dire au plan tangent)

$$z = -\frac{1}{2\gamma}x^2 - \frac{1}{2\gamma}y^2 + \Omega,$$

γ étant alors le rayon même de la sphère. On peut aussi écrire, en changeant simplement le sens de l'axe des z,

[3]
$$z = \frac{1}{2\gamma}x^2 + \frac{1}{2\gamma}y^2 + \Omega.$$

Cette sphère est évidemment *tangente* à la surface donnée, c'est-à-dire, qu'elle a un contact du premier ordre avec cette surface, et cela quel que soit le rayon γ; nous allons à présent examiner s'il est possible d'établir un contact du second ordre entre la surface et une sphère tangente, c'est-à-dire, s'il est possible d'identifier les équations des deux surfaces pour tous les points à l'égard desquels il serait permis de négliger seulement les termes en x, y et z supérieurs au second ordre.

IV.

Mais avant d'aller plus loin, il faut remarquer que jusqu'ici la position des axes coordonnés x et y, dans le plan tangent, est restée arbitraire. Or, on peut simplifier la discussion, sans nuire à la généralité des résultats, au moyen d'un choix convenable d'axes; on peut, par exemple, faire disparaître de l'équation générale [2] le rectangle xy. Soit, en effet, en déplaçant les axes Mx, My d'un angle x'Mx=y'My=α,

$$x = x'\cos\alpha - y'\sin\alpha$$
$$y = x'\sin\alpha + y'\cos\alpha.$$

L'équation [2] deviendra, en coordonnées x', y',

$$z = \frac{1}{2A}(x'^2\cos^2\alpha + y'^2\sin^2\alpha - 2x'y'\sin\alpha\cos\alpha) +$$

$$\frac{1}{C}[x'^2\sin\alpha\cos\alpha - y'^2\sin\alpha\cos\alpha + x'y'(\cos^2\alpha - \sin^2\alpha)]$$

$$+ \frac{1}{2B}(x'^2\sin^2\alpha + y'^2\cos^2\alpha + 2x'y'\sin\alpha\cos\alpha),$$

et l'on fera disparaître le rectangle $x'y'$ en posant

[4] $$\left(\frac{1}{B} - \frac{1}{A}\right)\sin\alpha\cos\alpha + \frac{1}{C}(\cos^2\alpha - \sin^2\alpha) = 0,$$

d'où

$$\left(\frac{1}{B} - \frac{1}{A}\right)\sin 2\alpha + 2\frac{1}{C}\cos 2\alpha = 0,$$

$$tg\, 2\alpha = -\frac{2\dfrac{1}{C}}{\dfrac{1}{B} - \dfrac{1}{A}};$$

ce qui donne pour 2α deux angles $2\alpha_0$ et $2\alpha_0 + \pi$, et par suite, pour α, deux valeurs α_0 et $\alpha_0 + \frac{\pi}{2}$, se rapportant à deux directions rectangulaires. En donnant à l'axe des x l'une de ces directions, l'axe des y prendra l'autre, et l'on aura, pour la surface, l'équation transformée

$$[5] \qquad z = \frac{1}{2\,\mathrm{A}'}\,x'^2 + \frac{1}{2\,\mathrm{B}'}\,y'^2 + \Omega,$$

A' et B' étant des fonctions des constantes A, B, C et des lignes trigonométriques de l'angle α, savoir :

$$\frac{1}{\mathrm{A}'} = \frac{1}{\mathrm{A}}\cos^2\alpha + 2\,\frac{1}{\mathrm{C}}\sin\alpha\cos\alpha + \frac{1}{\mathrm{B}}\sin^2\alpha,$$

$$\frac{1}{\mathrm{B}'} = \frac{1}{\mathrm{A}}\sin^2\alpha - 2\,\frac{1}{\mathrm{C}}\sin\alpha\cos\alpha + \frac{1}{\mathrm{B}}\cos^2\alpha.$$

Remarquons en passant que de ces deux équations on peut déduire celles-ci :

$$\frac{1}{\mathrm{A}'} + \frac{\mathrm{A}}{\mathrm{B}'} = \frac{1}{\mathrm{A}} + \frac{1}{\mathrm{B}},$$

$$\frac{1}{\mathrm{A}'\mathrm{B}'} = \frac{1}{\mathrm{A}\mathrm{B}} - \frac{1}{\mathrm{C}^2};$$

la première de ces deux équations a lieu quel que soit α, et nous indiquerons tout à l'heure (§ IX) quelle en est la signification géométrique. La seconde, qu'on obtient en se servant de la valeur de α fournie par l'équation [4] prouve que, quelle que soit l'orientation des axes coordonnés dans le plan tangent, la quantité $\frac{1}{\mathrm{A}\mathrm{B}} - \frac{1}{\mathrm{C}^2} = \frac{d^2z}{dx^2}\cdot\frac{d^2z}{dy^2} - \left(\frac{d^2z}{dxdy}\right)^2$ est invariable ; c'est du signe de cette quantité, ou de son équivalente $\frac{1}{\mathrm{A}'\mathrm{B}'}$, que dépend, comme on l'a vu au § II, l'existence *réelle* d'un plan *osculateur* à la surface suivant certaines directions.

V.

Adoptons le système d'axes dans lequel l'équation d'une surface quelconque prend la forme [5], ou, en supprimant des accents maintenant inutiles, celle-ci

[6]
$$z = \frac{1}{2A} x^2 + \frac{1}{2B} y^2 + \Omega.$$

Quant à l'équation de la sphère tangente, elle sera toujours de la forme

[7]
$$z = \frac{1}{2\gamma} x^2 + \frac{1}{2\gamma} y^2 + \Omega.$$

Cela posé, on pourra établir entre ces deux surfaces un contact du second ordre dans toutes les directions si l'on a $\frac{1}{A} = \frac{1}{B}$ (ce qui arrive, par exemple, aux extrémités de l'axe principal de toute surface de révolution); et le rayon de la *sphère osculatrice ombilicale* est alors $\gamma = A = B$. Mais en général, $\frac{1}{A}$ sera $\gtrless \frac{1}{B}$, et il ne pourra y avoir de contact du second ordre entre la surface donnée et une sphère tangente de rayon γ, que pour les points dont les coordonnés x, y, satisferont à la condition

$$\frac{1}{2A} x^2 + \frac{1}{2B} y^2 = \frac{1}{2\gamma} x^2 + \frac{1}{2\gamma} y^2,$$

ou

[8]
$$y^2 \left(\frac{1}{\gamma} - \frac{1}{B} \right) + x^2 \left(\frac{1}{\gamma} - \frac{1}{A} \right) = 0.$$

C'est là l'indication de deux directions suivant lesquelles il y aura *oscula-tion* ou contact du second ordre; en d'autres termes, l'équation précédente est l'équation de deux plans, passant par l'axe des z, c'est-à-dire par la nor-male commune aux deux surfaces, et qui sont tels que les sections de la surface et de la sphère par ces plans ont entre elles un contact du second ordre.

En posant $\frac{y}{x} = tg\mu$, les deux *directions d'osculation*, μ_1 et μ_2, correspondantes à une valeur donnée de γ, sont caractérisées par les formules

$$tg\mu_1 = +\sqrt{-\frac{\frac{1}{\gamma}-\frac{1}{A}}{\frac{1}{\gamma}-\frac{1}{B}}}, \quad tg\mu_2 = -\sqrt{-\frac{\frac{1}{\gamma}-\frac{1}{A}}{\frac{1}{\gamma}-\frac{1}{B}}},$$

on voit que l'on aura toujours, quel que soit γ,

$$tg\mu_1 + tg\mu_2 = 0.$$

d'où résulte ce théorème :

Toute sphère tangente est osculatrice suivant deux directions, réelles ou imaginaires ([1]), *situées symétriquement de part et d'autre des lignes de courbure*, en donnant dès à présent ce nom aux lignes de la surface, qui sont telles, qu'en prenant leurs directions, en chaque point, pour la direction des axes des x et des y, on fait disparaître le rectangle xy dans l'expression de l'ordonnée normale z; l'existence de ces lignes est établie par ce qui précède; nous en étudierons d'ailleurs tout à l'heure les propriétés géométriques.

Réciproquement, deux directions symétriques par rapport aux lignes de courbure étant données, il y a toujours une sphère osculatrice suivant ces deux directions, et le rayon γ de cette sphère se déduit de l'équation

[9]
$$tg^2\mu = -\frac{\frac{1}{\gamma}-\frac{1}{A}}{\frac{1}{\gamma}-\frac{1}{B}}.$$

([1]) Suivant que γ sera ou ne sera pas compris entre A et B ; voyez ci-après, § VII.

VI.

Nous avons déjà dit que l'équation [8] était celle de deux plans normaux donnant sur la surface et sur la sphère de rayon γ, des sections qui ont entre elles un contact du second ordre. Mais ce n'est pas seulement les sections *normales*, faites dans l'une ou l'autre des directions μ_1, μ_2, qui ont entre elles un contact du second ordre ; il en est de même des sections *obliques*.

Pour le montrer, reprenons l'équation générale

$$z = \frac{1}{2A} x^2 + \frac{1}{C} xy + \frac{1}{2B} y^2 + \Omega,$$

et considérons la sphère

$$z = \frac{1}{2A} x^2 + \frac{1}{2A} y^2 + \cdot,$$

laquelle est osculatrice suivant la direction, en ce moment tout à fait arbitraire, de l'axe des x, c'est-à-dire, pour $y=o$. Au lieu d'une section normale $z\mathrm{M}x$, considérons une section oblique passant toujours par l'axe des x, mais dont le plan couperait le plan des yz suivant une certaine droite MZ, de telle sorte que l'angle $\mathrm{Z}\mathrm{M}z=\theta$ sera précisément l'inclinaison du plan de la section oblique sur le plan de la section normale.

Le plan $\mathrm{Z}\mathrm{M}x$ coupera la sphère et la surface suivant deux courbes dont il est aisé d'avoir les équations rapportées aux axes plans rectangulaires MZ, $\mathrm{M}x$. En effet, on a pour un point quelconque,

$$z = \mathrm{Z} \cos \theta \quad , \quad y = \mathrm{Z} \sin \theta,$$

10

l'équation de la section de la surface sera donc

$$Z \cos \theta = \frac{1}{2A} x^2 + \frac{1}{C} xz \sin \theta + \frac{1}{2B} z^2 \sin^2 \theta + \Omega$$

et celle de la section sphérique

$$Z \cos \theta = \frac{1}{2A} x^2 + \frac{1}{2A} Z^2 \sin^2 \theta + \Omega.$$

Or, on voit clairement que Z sera nécessairement, dans l'une et l'autre équation, une quantité du second ordre, d'où il suit qu'en négligeant, comme on doit le faire ici, les quantités d'ordre supérieur au second, les deux sections seront représentées absolument par la même équation

$$Z \cos \theta = \frac{1}{2A} x^2,$$

équation d'une courbe dont le *rayon de courbure* sera A cos θ, c'est-à-dire, d'une courbe ayant un contact du second ordre avec un cercle d'un rayon = A cos θ.

De là le théorème de Meusnier :

Lorsque deux sections, l'une normale, l'autre oblique, sont tangentes entre elles, le rayon de courbure de la section oblique sera égal au rayon de courbure de la section normale, multiplié par le cosinus de l'angle formé par le plan de ces deux sections.

Remarquons ici que les relations qui existent entre les rayons de courbure d'une section normale et d'une section oblique tangente sont exactement les mêmes que celles qui auraient lieu si l'on substituait à la surface donnée la sphère osculatrice qui correspond à la section normale que l'on considère ; il en serait de même si l'on comparait ensemble deux sections obliques tangentes entre elles, et tangentes conséquemment à une même section normale ; ce qui ramène l'étude des *courbures relatives* des courbes tangentes tracées sur une surface donnée, à l'étude des courbures relatives sur la sphère.

VII.

Revenons à l'équation [9] qui donne le rayon γ de la sphère osculatrice suivant la direction μ. Cette équation montre que γ est toujours compris entre A et B, qui sont les valeurs particulières que prend γ pour $\mu = o$ et pour $\mu = \frac{\pi}{2}$, c'est-à-dire les rayons de courbure des lignes de courbure, ou, si l'on veut, les rayons de courbure *principaux* de la surface. Si A et B sont de même signe, l'une de ces quantités sera le maximum et l'autre le minimum des valeurs de γ. La courbure de la surface est alors *dans le même sens* pour toutes les directions autour du point M; en ce point, la surface est dite, dans ce cas, *convexo-convexe*, ou, ce qui revient au même, *concavo-concave*. Si A et B sont de signes contraires, ces valeurs seront numériquement, l'une le maximum des valeurs positives de γ, l'autre le maximum des valeurs négatives de γ; la surface est alors *concavo-convexe*, c'est-à-dire, qu'elle présente au point que l'on considère deux courbures de sens opposés. C'est dans ce cas qu'un plan peut avoir un contact *réel* du second ordre avec la surface, suivant deux directions données par l'équation (§ II).

$$\frac{1}{A} x^2 + \frac{1}{B} y^2 = o, \quad \text{d'où} \quad \frac{y}{x} = \pm \sqrt{-\frac{B}{A}},$$

et il est aisé de voir que ces deux directions, symétriques par rapport aux lignes de courbure, sont celles suivant lesquelles la courbure change de sens, c'est-à-dire, suivant lesquelles $\frac{1}{\gamma}$, après avoir été positif, devient négatif ou réciproquement, en passant par zéro.

Entre ces deux cas, se place naturellement celui où l'un des coefficients $\frac{1}{A}, \frac{1}{B}$ est nul, $\frac{1}{A}$ par exemple, alors il existe un plan osculateur suivant une seule direction, ou, pour parler plus exactement, suivant deux directions infiniment voisines, qui, à la limite, coïncident avec l'une des lignes de courbure; si la condition $\frac{1}{A} = 0$ est remplie en tous les points de la surface, alors chacune des lignes de courbure correspondantes aux rayons A aura, en tous ses points, un contact du second ordre avec une ligne droite; ces lignes de courbure se réduiront donc, en réalité, à des lignes droites (*). Les surfaces de ce genre peuvent, d'après cela, être considérées comme engendrées par le mouvement d'une droite se déplaçant de telle sorte, que deux positions infiniment voisines soient, dans un même plan, le plan osculateur en chaque point de la surface. Par là on voit que ces surfaces sont *développables*, c'est-à-dire susceptibles d'être *appliquées sur un plan*, sans extension ni déchirure. Nous démontrerons plus loin que, réciproquement, toute surface développable doit satisfaire en chacun de ces points à l'équation $\frac{1}{AB} = 0$, et il est, du reste, aisé de voir qu'en laissant indéterminée, autour du point M, non-seulement la direction des axes des x et des y, mais même la direction des *trois* axes, toujours rectangulaires entre eux, cette équation revient à celle-ci (§ IV) :

$$\frac{d^2 z}{dx^2} \cdot \frac{d^2 z}{dy^2} - \left(\frac{d^2 z}{dx\,dy} \right)^2 = 0.$$

Enfin si l'on a A=B, toutes les valeurs de γ sont égales, et la surface présente, autour du point M, la même courbure dans tous les sens (§ V).

(*) Il est aisé de prouver qu'une courbe qui, en chacun de ses points, a un contact du second ordre avec une droite, se réduit à une ligne droite. Considérons la projection de la courbe dont il s'agit sur un plan quelconque que nous prendrons pour plan des xy. Soient $x = f(p)$, $y = F(p)$, les équations de cette projection, dans lesquelles p est une indéterminée quelconque. La direction de la tangente en un point quelconque sera indiquée par la formule $\frac{dy}{dx} = \frac{F'(p)}{f'(p)}$, et l'on devra avoir, si en ce point il y a contact du second ordre entre la courbe et sa tangente $\frac{d\,\frac{dy}{dx}}{dp} = 0$, ou bien $\frac{d\,\frac{F'(p)}{f'(p)}}{dp}$ 0 ; d'où l'on tire, en intégrant deux fois $F(p) = Cf(p) + C'$, équation dans laquelle C et C' sont des constantes ; donc on aura $y = Cx + C'$; la projection de la courbe sur le plan des xy est donc une ligne droite. Comme ce plan est tout à fait arbitraire, la courbe elle-même (que deux projections suffisent à déterminer) ne pourra être qu'une ligne droite.

VIII·

Les deux directions symétriques pour lesquelles a lieu généralement un contact du second ordre entre une surface donnée et une certaine sphère tangente, ou, en un mot, les deux directions *d'osculation*, se réduisent à une direction unique, ou, ce qui est géométriquement plus exact, à deux directions infiniment voisines pour deux valeurs particulières de γ, savoir $\gamma=A$ et $\gamma=B$.

Comme il importe de donner à ce résultat un grand degré de clarté, remarquons que l'équation [9] peut être mise sous la forme

$$\sin^2 \mu \left(\frac{1}{\gamma} - \frac{1}{B}\right) + \cos^2 \mu \left(\frac{1}{\gamma} - \frac{1}{A}\right) = o,$$

d'où

[10]
$$\frac{1}{\gamma} = \frac{1}{B} \sin^2 \mu + \frac{1}{A} \cos^2 \mu,$$

équation qui, par la différentiation, donne

[11]
$$\frac{d \frac{1}{\gamma}}{d\mu} = \left(\frac{1}{B} - \frac{1}{A}\right)\sin 2 \mu.$$

On voit bien nettement, par cette formule, que si l'on a sin 2 $\mu=o$, c'est-à-dire si l'on considère l'une des deux lignes de courbure, on aura $\frac{d \frac{1}{\gamma}}{d\mu}=o$, en sorte que les deux sphères tangentes dont les rayons sont A et B se trouveront avoir un contact du second ordre, non-seulement suivant les axes coordonnés, mais encore suivant toute direction faisant avec ces axes un angle $\partial\mu$ infiniment petit du premier ordre ; de là, pour la direction des axes coordonnés, une sorte de *stabilité* dans la courbure qu'on ne retrouve point dans les autres directions ; c'est en raison d'une telle stabilité (qui accompagne du reste toujours les maxima et les minima) que ces lignes singulières de la surface ont été nommées, à bon droit, lignes de courbure.

Le rapport $\dfrac{d\frac{1}{\gamma}}{d\mu}$ pourrait être appelé *variation spécifique de la courbure*. Nous venons de voir qu'il est nul pour toute surface, suivant les directions des lignes de courbure ; il est nul dans toutes les directions pour les cas seulement où l'on a A=B ; enfin, il a la plus grande valeur possible pour les directions $\mu_1 = \dfrac{\pi}{4}$ et $\mu_1 = \dfrac{3\pi}{4}$ correspondant à $\sin 2\mu = 1$, c'est-à-dire que la variation spécifique de la courbure est la plus grande possible pour les deux directions faisant 45° avec l'une ou l'autre des lignes de courbure.

A ces deux directions correspond une même valeur de $\dfrac{1}{\gamma}$, savoir :

$$\frac{1}{\gamma} = \frac{1}{2}\left(\frac{1}{B} + \frac{1}{A}\right)$$

La variation spécifique de la courbure dont l'équation [11] donne la valeur en fonction de μ, peut aussi s'exprimer très-simplement en fonction de γ ; en effet l'équation [9] donne

$$\sin^2\mu = \frac{\frac{1}{\gamma} - \frac{1}{A}}{\frac{1}{B} - \frac{1}{A}} \quad , \quad \cos^2\mu = \frac{\frac{1}{B} - \frac{1}{\gamma}}{\frac{1}{B} - \frac{1}{A}},$$

d'où

$$\sin 2\mu = 2\sqrt{\frac{\left(\frac{1}{\gamma} - \frac{1}{A}\right)\left(\frac{1}{B} - \frac{1}{\gamma}\right)}{\frac{1}{B} - \frac{1}{A}}}$$

on a donc

$$[12]\quad \frac{d\frac{1}{\gamma}}{d\mu} = 2\sqrt{\left(\frac{1}{\gamma} - \frac{1}{A}\right)\left(\frac{1}{B} - \frac{1}{\gamma}\right)} = 2\sqrt{\frac{1}{AB}\left(\frac{A}{\gamma} - 1\right)\left(1 - \frac{B}{\gamma}\right)}$$

formule (*) de laquelle on pourrait déduire immédiatement les mêmes conclusions qui nous ont été fournies tout à l'heure par l'équation [11].

IX.

La formule [10] du § précédent nous montre que si l'on considère en général deux directions rectangulaires μ et $\mu + \frac{\pi}{2}$, les valeurs des rayons de courbure γ_1 et γ_2 des sections normales correspondant à ces deux directions seront

$$\frac{1}{\gamma_1} = \frac{1}{B}\sin^2\mu + \frac{1}{A}\cos^2\mu,$$

$$\frac{1}{\gamma_2} = \frac{1}{B}\cos^2\mu + \frac{1}{A}\sin^2\mu,$$

et l'on aura

$$\frac{1}{\gamma_1} + \frac{1}{\gamma_2} = \frac{1}{B} + \frac{1}{A};$$

(*) Dans la théorie des développées des courbes planes, il y a aussi à considérer un élément analogue à ce que nous avons appelé ici la variation spécifique de la courbure. Cet élément n'est autre chose que le rapport de la variation du rayon de courbure $d\rho$ à la variation de l'arc ds. L'on démontre aisément que ce rapport $\frac{d\rho}{ds}$ est équivalent au rapport du rayon de courbure ρ' de la développée au rayon de courbure ρ de la courbe elle-même. L'expression de ce rapport pour les courbes du second degré offre une certaine analogie avec la formule [12] ci-dessus. Pour l'ellipse, par exemple, on a $\frac{d\rho}{ds}$ ou $\frac{\rho'}{\rho}$ $=3\sqrt{\left[\left(\frac{\rho}{\rho_2}\right)^{\frac{2}{3}}-1\right]\left[1-\left(\frac{\rho}{\rho_1}\right)^{\frac{2}{3}}\right]}$, ρ_1 et ρ_2 étant les rayons de courbure maximum et minimum, qui se rapportent, comme on sait, aux extrémités des axes, et ont respectivement pour valeurs $\rho_1 = \frac{a^2}{b}$ et $\rho_2 = \frac{b^2}{a}$. (On peut voir, pour plus de détails sur ce point, le Cours d'Analyse de M. Vieille, chap. 11.)

égalité qui n'est autre, au fond, que celle que nous avons déjà rencontrée au § IV, et d'où résulte un théorème fort connu, dû à Euler, qu'on peut énoncer ainsi, en convenant d'appeler plus spécialement *courbure d'une section* le quotient qu'on obtient en divisant l'unité par le rayon de courbure de cette section,

La somme des courbures de deux sections normales, orthogonales entre elles, est constante, et égale à la somme des courbures des lignes de courbure.

X.

Les lignes d'osculation de la surface donnée et des diverses sphères osculatrices que nous avons considérées jouissent d'une propriété caractéristique qui se déduit immédiatement de la propriété qu'ont les arcs de grand cercle d'être le plus court chemin entre deux points de la sphère.

Soit, en un point M d'une surface, N M N' l'arc de grand cercle suivant lequel une sphère de rayon γ est osculatrice à la surface ; je dis que N M N' sera le plus court chemin sur la surface entre les deux points N et N', c'est-à-dire que le plus court chemin en question passera par le point M ; car, soit un point quelconque *m*, pris en dehors de la ligne d'osculation, et sur une courbe infiniment peu distante N *m* N' ; cette courbe se trouvera sur la sphère osculatrice, aux infiniment petits du troisième ordre près ; les relations de grandeur entre l'arc N M N' et toute autre courbe infiniment voisine N *m* N' seront donc les mêmes, sur la sphère et sur la surface, en négligeant des quantités infiniment petites qui sont du troisième ordre quand on regarde M N et M N' comme infiniment petits du premier, c'est-à-dire des quantités infiniment petites du second ordre par rapport à M N et M N' ; donc l'arc N M N' qui a, par hypothèse, les caractères analytiques du minimum sur la sphère aura aussi ces mêmes caractères sur la surface. Ainsi les lignes d'osculation sur une surface se confondent avec les lignes les plus courtes, ou *géodésiques*. On voit par là que le plan osculateur d'une ligne géodésique, c'est-à-dire le plan qui passe par deux éléments consécutifs NM, MN', renferme la normale à la surface ; propriété tout à fait *caractéristique*, puisque, réciproquement, toute section normale est une ligne d'osculation et conséquemment une géodésique.

Parmi ces lignes géodésiques, dont la courbure varie autour d'un point M, suivant la loi exprimée par l'équation [10] ci-dessus, se rangent également les lignes de courbure, qui ne sont autre chose, d'après cela, que les géodésiques dont la courbure est la plus grande ou la plus petite possible.

XI.

Une des propriétés les plus remarquables des lignes de courbure est celle-ci:

Les normales à la surface en deux points d'une ligne de courbure infiniment voisins se rencontrent toujours; et réciproquement, si les normales en deux points infiniment voisins d'une surface se rencontrent, ces deux points appartiennent nécessairement à une même ligne de courbure.

Voici comment cette propriété peut se déduire des considérations précédentes.

Le plan osculateur d'une ligne géodésique change en général d'orientation dans l'espace quand on passe d'un point M à un point M' situé à une distance infiniment petite du premier ordre, et le changement d'orientation, ou l'angle de deux plans successifs, doit être évidemment en général une quantité infiniment petite du premier ordre ; or ces plans sont normaux à la surface ; de là il suit que deux normales successives, étant situées dans deux plans différents dont elles coupent l'intersection commune en deux points distincts, ne peuvent se rencontrer ; leur plus courte distance sera généralement un infiniment petit du premier ordre. Mais, pour une ligne

11

de courbure, il résulte du § VIII, ainsi qu'on peut le voir aisément (¹), que l'orientation du plan osculateur ne change pas du point M au point M′, ou du moins ne change que d'un infiniment petit du second ordre; donc le même plan contient les deux normales successives, et ces deux normales se rencontrent ; plus rigoureusement, leur plus courte distance est un infiniment petit du second ordre.

XII.

Une surface quelconque étant donnée, si on la suppose flexible, mais inextensible, et que, dans cette supposition, on vienne à la déformer de la manière qu'on voudra, les rayons de courbure des diverses sections normales changeront en général de valeur, mais le produit des deux rayons de courbure principaux restera le même, avant et après la déformation ; en d'autres termes :

Si une surface courbe est appliquée sur une autre surface courbe, le produit des deux rayons de courbure principaux en chaque point reste invariable.

Ce beau théorème, dû à M. Gauss, peut être démontré très-aisément comme il suit.

Imaginons qu'on ait tracé autour d'un point quelconque M toutes les sections normales, et qu'on leur ait donné une même longueur infiniment petite l ; en supposant qu'on joigne ensemble les extrémités de ces lignes, on obtiendra une courbe fermée qui aura, avant et après la déformation, le même périmètre et la même surface. Ces deux quantités sont faciles à calculer, et nous allons voir qu'elles ne dépendent que de l et du produit A B

(¹) Chacune des deux lignes de courbure qui se coupent en M, embrasse en réalité un *faisceau* de géodésiques faisant entre elles un angle infiniment petit du premier ordre, $\partial\mu$. Donc on peut prendre pour représenter la même ligne de courbure en M et M′ deux géodésiques différentes, mais dont les plans osculateurs coïncident à un infiniment petit du second ordre près.

des deux rayons de courbure principaux de la surface, pour un état déterminé ; d'où, en envisageant deux états différents, une relation de laquelle l disparaît naturellement, et qui se réduit en dernière analyse à A B $=$ constante.

Considérons, par exemple, le périmètre de la petite courbe que nous venons de définir.

Soient x, y, z, les coordonnées d'un point m de ce périmètre, le point *central* M étant pris pour origine, et le plan tangent étant pris pour plan des $x\,y$. En représentant par μ l'angle que la géodésique M m fait avec l'une des lignes de courbure, par γ le rayon de la sphère osculatrice correspondante à cette géodésique, et par ζ une fonction finie de μ, il est bien facile de voir que nous pourrons poser,

$$[13] \quad \begin{cases} x = \gamma \sin \dfrac{l}{\gamma} \cos \mu \\[2mm] y = \gamma \sin \dfrac{l}{\gamma} \sin \mu \\[2mm] z = \dfrac{l^2}{2\gamma} + \zeta l^3 \end{cases} \text{ avec } \frac{1}{\gamma} = \frac{1}{B} \sin^2 \mu + \frac{1}{A} \cos^2 \mu,$$

ce qui revient, sauf la valeur de ζ, à mesurer la longueur l sur les diverses sphères osculatrices qui correspondent aux valeurs successives de l'angle μ.

Nous aurons maintenant à évaluer l'intégrale

$$\int_0^{2\pi} \frac{ds}{d\mu} d\mu = \int_0^{2\pi} d\mu \sqrt{\left(\frac{dx}{d\mu}\right)^2 + \left(\frac{dy}{d\mu}\right)^2 + \left(\frac{dz}{d\mu}\right)^2}.$$

Or, en faisant

$$G = \gamma \sin \frac{l}{\gamma} = l \left(1 - \frac{l^2}{6\gamma^2} \right),$$

nous aurons

$$\frac{dx}{d\mu} = - G \sin \mu + \frac{dG}{d\mu} \cos \mu,$$

$$\frac{dy}{d\mu} = G \cos \mu + \frac{dG}{d\mu} \sin \mu,$$

d'où

$$\left(\frac{dx}{d\mu}\right)^2 + \left(\frac{dy}{d\mu}\right)^2 = G^2 + \left(\frac{dG^2}{d\mu}\right);$$

en ne conservant maintenant que les termes en l^2 et l^4, et observant que $\frac{dG}{d\mu}$ est de l'ordre de l^3, en sorte que $\left(\frac{dG}{d\mu}\right)^2$ doit être négligé, nous aurons

$$\left(\frac{dx}{d\mu}\right)^2 + \left(\frac{dy}{d\mu}\right)^2 = l^2 - \frac{l^4}{3\gamma^2};$$

on a, d'ailleurs, dans les mêmes limites d'approximation,

$$\left(\frac{dz}{d\mu}\right)^2 = \frac{l^4}{4}\left(\frac{d\frac{1}{\gamma}}{d\mu}\right)^2 = \frac{l^4}{4}\left(\frac{1}{B}-\frac{1}{A}\right)^2 \sin^2 2\mu.$$

D'après cela, l'intégrale à évaluer prendra la forme

$$\int_0^{2\pi}\frac{ds}{d\mu}d\mu = \int_0^{2\pi} l\,d\mu\sqrt{1 - \frac{l^2}{3\gamma^2} + \frac{l^2}{4}\left(\frac{1}{B}-\frac{1}{A}\right)^2 \sin^2 2\mu}$$

$$= l\int_0^{2\pi} d\mu\left[1 + \frac{l^2}{12}\left\{3\left(\frac{1}{B}-\frac{1}{A}\right)\sin^2 2\mu - 4\frac{1}{\gamma^2}\right\}\right]^{\frac{1}{2}}$$

$$= l\int_0^{2\pi} d\mu\left[1 + \frac{l^2}{24}\left\{3\left(\frac{1}{B}-\frac{1}{A}\right)^2\sin^2 2\mu - 4\frac{1}{\gamma^2}\right]$$

$$= 2\pi l + \frac{l^3}{24}\int_0^{2\pi} d\mu\left\{3\left(\frac{1}{B}-\frac{1}{A}\right)^2 \sin^2 2\mu - 4\frac{1}{\gamma^2}\right\}.$$

Mais $\frac{1}{\gamma^2} = \left(\frac{1}{A}\cos^2\mu + \frac{1}{B}\sin^2\mu\right)^2 = \left[\left(\frac{1}{A}-\frac{1}{B}\right)\cos^2\mu + \frac{1}{B}\right]^2$
$= \left(\frac{1}{B}-\frac{1}{A}\right)^2\cos^4\mu - 2\frac{1}{B}\left(\frac{1}{B}-\frac{1}{A}\right)\cos^2\mu + \frac{1}{B^2}.$

D'autre part, on sait que, généralement,

$$\int_0^{2\pi} d\mu = 2\pi, \int_0^{2\pi} \cos^2 \mu d\mu = \int_0^{2\pi} \sin^2 \mu d\mu = \int_0^{2\pi} \sin^2 2\mu d\mu = \pi, \int_0^{2\pi} \cos^4 \mu d\mu = \frac{3\pi}{4},$$

nous aurons donc

$$\int_0^{2\pi} \frac{ds}{d\mu} d\mu = 2\pi l + \frac{l^3}{24} \left[3\pi \left(\frac{1}{B} - \frac{1}{A}\right)^2 - 3\pi \left(\frac{1}{B} - \frac{1}{A}\right)^2 + 8\pi \frac{1}{B} \left(\frac{1}{B} - \frac{1}{A}\right) - 8\pi \frac{1}{B^2} \right]$$

$$= 2\pi l - \frac{\pi l^3}{3AB} .$$

Le premier terme $2\pi l$ de cette intégrale serait celui qu'on obtiendrait s'il était permis de négliger les termes d'ordre supérieur au premier ; c'est là une première approximation qui donne pour la petite courbe un cercle situé dans le plan tangent, et dont le périmètre est indépendant des valeurs successives de γ. Mais, en ne négligeant que les termes d'ordre supérieur au troisième, on voit que le périmètre total de la courbe ne peut être invariable que si cette condition, à la fois nécessaire et suffisante, est remplie :

$$A B = \text{constante} ;$$

ce qui démontre le théorème de M. Gauss.

On peut arriver au même résultat en cherchant quelle est l'aire de la petite courbe. Pour cela, il suffit de remarquer que cette courbe, tracée par les extrémités de géodésiques issues d'un même point et ayant même longueur, est nécessairement normale à toutes les géodésiques, d'après un théorème bien connu, dû à M. Gauss, et aisé à démontrer géométriquement. Alors on peut prendre pour mesure de l'aire dont il s'agit, l'intégrale

$$\int_0^l dl \int_0^{2\pi} \frac{ds}{d\mu} d\mu = \int_0^l dl \left(2\pi l - \frac{\pi l^3}{3AB} \right) = \pi l^2 - \frac{\pi l^4}{12 AB} ,$$

qui montre encore que l'on doit avoir $AB = \text{constante}$.

XIII.

De ce théorème nous concluons immédiatement, avec M. Gauss, que dans toute surface développable, c'est-à-dire applicable sur un plan, on doit avoir, comme pour le plan lui-même,

$$\frac{1}{AB} = 0 ;$$

nous avons d'ailleurs déjà vu, au § VII, que, réciproquement, toutes les fois que cette équation a lieu pour tous les points d'une surface, la surface est développable.

XIV.

Étant donnée une surface quelconque, la valeur de l'expression $\frac{1}{AB}$ s'obtiendra, pour chaque point, en rapportant cette surface à trois axes rectangulaires passant par ce point, l'un de ces axes étant la normale, et les deux autres les directions des deux sections principales, ou lignes de courbure. On pourra même donner à ces deux derniers axes une orientation quelconque dans le plan tangent, pourvu qu'ils soient toujours rectangulaires entre eux ; car on a vu ci-dessus (§ IV) qu'on a toujours, dans ce cas,

$$\frac{d^2 z}{dx^2} \frac{d^2 z}{dy^2} - \left(\frac{d^2 z}{dx\,dy} \right)^2 = \text{constante} = \frac{1}{AB}.$$

Pour des systèmes de coordonnées choisis d'une façon moins particulière, les valeurs de l'expression $\frac{1}{AB}$ sont ordinairement beaucoup plus compliquées ; nous renverrons à cet égard au mémoire de M. Gauss, et aux notes que M. Liouville a données à la suite du traité de Monge (5e édition).

XV.

Lorsque, dans une surface quelconque

$$z = \frac{1}{2A}\, x^2 + \frac{1}{2B}\, y^2 + \Omega,$$

on imagine une section faite par un plan parallèle au plan tangent à l'origine M, mené à une distance D de ce plan ; on obtient une courbe dont l'équation, en ne tenant compte que des termes du second ordre, est

$$D = \frac{1}{2A}\, x^2 + \frac{1}{2B}\, y^2,$$

La nature de cette courbe, que M. Dupin a nommée *indicatrice*, est intimement liée avec le sens des deux courbures de la surface au point M. Suivant que A et B sont de même signe ou de signes contraires, la courbe est une ellipse ou une hyperbole ; elle se réduit à deux droites parallèles à l'*arète rectiligne* de la surface en M si la surface est développable, ou, plus exactement, si l'une des courbures $\frac{1}{A}$, $\frac{1}{B}$ est nulle en ce point [1]. Dans tous les cas, les divers rayons qu'on peut mener de l'origine des coordonnées xy à un point quelconque m de l'indicatrice, sous un angle μ compté à partir de l'axe des x, dépendent, suivant une loi remarquable, du rayon de courbure γ de la géodésique correspondante à l'orientation μ. En effet, en posant

$$x = \rho \cos \mu, \qquad y = \rho \sin \mu,$$

on a

$$D = \frac{\rho^2}{2}\left(\frac{1}{A}\, \cos^2\mu + \frac{1}{B}\, \sin^2\mu \right);$$

---

[1] Si l'une des courbures, $\frac{1}{A}$ par exemple, est nulle au point M, sans être nulle en tout autre point voisin, la surface n'est pas développable ; mais la ligne de courbure du système A offre, au point M, une inflexion, par suite de laquelle elle se confond jusqu'aux quantités du troisième ordre exclusivement, avec une arête rectiligne infiniment petite.

d'où, à cause de $\frac{1}{\gamma} = \frac{1}{A}\cos^2\mu + \frac{1}{B}\sin^2\mu$, l'on tire

$$D = \frac{\rho^2}{2\gamma} \quad \text{et} \quad \rho^2 = 2\gamma \cdot D.$$

Ainsi *les carrés des rayons* ou *des diamètres d'une courbe indicatrice sont entre eux comme les rayons de courbure des géodésiques qui correspondent à l'orientation de ces diamètres.*

L'aire totale de l'ellipse qui correspond au cas où A et B sont de même signe, est

$$\pi \sqrt{2\,DA}\,\sqrt{2DB} = 2\pi D\sqrt{A\,B} = \frac{2\pi D}{\sqrt{\dfrac{1}{AB}}}.$$

Cette aire est, comme on voit, inversement proportionnelle à la racine carrée du quotient $\frac{1}{AB}$, quotient que M. Gauss a nommé *la mesure de la courbure* de la surface au point M ; mais dans le cas des surfaces convexo-concaves, où A et B sont de signes contraires, la courbe indicatrice est une hyperbole, et l'expression $\sqrt{AB}$ n'a aucune signification réelle.

XVI.

Considérons actuellement la courbe formée autour du point M par la série des points pour chacun desquels la normale à la surface fait avec la normale en M un angle constant infiniment petit ; courbe que nous appellerons *courbe d'inclinaison.*

L'équation d'une telle courbe est aisée à trouver. En effet, l'angle α d'une normale quelconque avec l'axe des z est donné généralement, pour une surface F $(x,\ y,\ z,) = o$, par l'expression

[14]
$$\cos\alpha = \frac{\dfrac{dF}{dz}}{\sqrt{\left(\dfrac{dF}{dx}\right)^2 + \left(\dfrac{dF}{dy}\right)^2 + \left(\dfrac{dF}{dz}\right)^2}}$$

Cette formule, appliquée à la surface que nous avons à considérer,

$$z = \frac{1}{2A}\, x^2 + \frac{1}{2B}\, y^2 + \Omega,$$

nous donnera, en négligeant Ω,

$$\cos\alpha = \frac{1}{\sqrt{1 + \dfrac{x^2}{A^2} + \dfrac{y^2}{B^2}}},$$

d'où l'équation de la courbe d'inclinaison, en projection sur le plan tangent,

$$1 + \frac{x^2}{A^2} + \frac{y^2}{B^2} = \frac{1}{\cos^2\alpha} = \frac{1}{1 - \sin^2\alpha} = 1 + \sin^2\alpha = 1 + \alpha^2,$$

ou simplement,

$$\frac{x^2}{A^2} + \frac{y^2}{B^2} = \alpha^2.$$

Pour toutes les surfaces autres que les surfaces (ou portions de surfaces) développables ou planes, cette courbe sera une ellipse, dont les axes, égaux si A = B, seront Aα, Bα, et qui aura pour aire totale le produit $\pi\alpha^2$ AB, inversement proportionnel à *la mesure de la courbure*.

XVII.

C'est ici le lieu d'examiner de plus près la signification géométrique de l'expression *mesure de la courbure*, dont M. Gauss s'est servi le premier pour désigner la quantité $\frac{1}{AB}$.

M. Gauss considère sur la surface M un élément triangulaire infiniment petit, M $m\, m'$ dont le point M est l'un des sommets. Il considère semblablement sur une sphère d'un rayon $= 1$, trois points N, n, n' tels que les normales qui se correspondent dans les deux surfaces pour les points M et N, m et n, m' et n' soient parallèles deux à deux. Le rapport des aires triangulaires Nnn' et Mmm', qu'il démontre être égal à $\frac{1}{AB}$, est ce qu'il prend géométriquement pour la mesure de la courbure de la surface donnée en M. Afin de rattacher la détermination de ce rapport aux considérations précédentes, remarquons d'abord que les points m et n appartiennent, sur la surface et sur la sphère, à deux courbes d'inclinaison *analogues*, représentées respectivement par les équations

$$\frac{x^2}{A^2} + \frac{y^2}{B^2} = \alpha^2 \;;\; \frac{\xi^2}{R^2} + \frac{\eta^2}{R^2} = \alpha^2, \text{ avec } R = 1.$$

Exprimons maintenant que dans les deux points m et n les normales à la surface et à la sphère, non-seulement doivent faire le même angle avec l'axe des z, mais encore doivent être parallèles, nous obtiendrons, au moyen de formules analogues à l'équation [14], les deux conditions suivantes,

$$\frac{x}{A} = \frac{\xi}{R} \;,\; \frac{y}{B} = \frac{\eta}{R} \;,$$

qui sont indépendantes, comme on voit, de l'angle α. On aurait de même, pour les points m' et n',

$$\frac{x'}{A} = \frac{\xi'}{R} \;,\; \frac{y'}{B} = \frac{\eta'}{R} \;,$$

et de ces quatre équations l'on conclut

$$xy' - x'y = \frac{AB}{R^2} (\xi\eta' - \xi'\eta).$$

Or $xy' - y'x$ n'est autre chose que le double de l'aire triangulaire Mmm', en projection sur le plan tangent, de même $\xi\eta' - \xi'\eta$ est le double de la projection de l'aire Nnn' sur le même plan ; mais le rapport des aires triangulaires est évidemment le même que le rapport des projections ; l'on voit donc, par la formule ci-dessus, que l'on a $\frac{Nnn'}{Mmm'} = \frac{1}{AB}$ pour R $= 1$.

Il n'est pas sans intérêt de remarquer que ce rapport se trouve être absolument le même que celui des aires totales de deux courbes d'inclinaison analogues considérées sur la surface donnée et sur la sphère de rayon $= 1$; ce rapprochement géométrique, si nous ne nous trompons, fait sentir, à un nouveau point de vue, l'exacte convenance de l'expression *mesure de la courbure* appliquée au quotient $\frac{1}{AB}$.

XVIII.

Il nous paraît utile de considérer encore, parmi les divers genres de courbes qu'on peut tracer sur une surface autour d'un point M, celles qu'on obtient en imaginant qu'on mène, en ce point, les diverses géodésiques de la surface, et qu'on prenne sur chacune de ces lignes un élément Mm proportionnel au rayon de courbure γ de la géodésique. De cette manière, chaque élément Mm serait vu sous un angle constant α du centre de la sphère osculatrice qui lui correspond ; en d'autres termes, l'angle de contingence correspondant à l'origine M et à l'extrémité m de chaque élément géodésique sera constant.

L'équation d'une telle courbe, que nous pouvons nommer *courbe de contingence*, s'obtiendra, en coordonnées x, y, z, en faisant $\frac{l}{\gamma} = \alpha$ dans les équations [13] du § XII, et éliminant ensuite γ et μ ; on aura ainsi, pour la projection de la courbe sur le plan tangent en M, l'équation du quatrième degré

$$\alpha^2 (x^2 + y^2) = \left(\frac{y^2}{B} + \frac{x^2}{A} \right)^2,$$

qui donne simplement un cercle dans le cas de A $=$ B.

Il est aisé de trouver l'aire totale de la courbe de contingence, A et B étant quelconques. En effet, l'aire d'un secteur mMm' correspondant à un angle infiniment petit $mMm' = d\mu$ a pour expression

$$\frac{1}{2} \overline{Mm}^2 \, d\mu = \frac{1}{2} \alpha^2 \gamma^2 \, d\mu \, ;$$

l'aire totale S sera donc

$$S = \frac{1}{2} \alpha^2 \int_0^{2\pi} \gamma^2 \, d\mu, \text{ avec } \frac{1}{\gamma} = \frac{1}{B} \sin^2 \mu + \frac{1}{A} \cos^2 \mu.$$

Cela posé, nous aurons, en considérant d'abord des surfaces pour lesquelles A et B sont de même signe, et supposant $A > B$,

$$\gamma^2 = \left(\frac{1}{B} \sin^2 \mu + \frac{1}{A} \cos^2 \mu \right)^{-2} = \left[\frac{1}{B} - \left(\frac{1}{B} - \frac{1}{A} \right) \cos^2 \mu \right]^{-2}$$
$$= B^2 \left(1 - \right) 1 - \frac{B}{A} \left(\cos^2 \mu \right)^{-2}$$

et en développant,

$$[15] \quad \gamma^2 = B^2 \left[1 + 2 \left(1 - \frac{B}{A} \right) \cos^2 \mu + 3 \left(1 - \frac{B}{A} \right)^2 \cos^4 \mu \right.$$
$$\left. + 4 \left(1 - \frac{B}{A} \right)^3 \cos^6 \mu + \ldots \right].$$

Cette série est convergente toutes les fois que A et B sont de même signe, pourvu que B désigne alors le rayon de courbure minimum. En effet, le rapport du $(n+1)^e$ terme au n^e est $< \frac{n+1}{n} \left(1 - \frac{B}{A} \right)$, nombre qu'on pourra toujours, en prenant n suffisamment grand, rendre plus petit qu'un certain nombre δ, toujours $> 1 - \frac{B}{A}$ mais < 1 ; de cette manière les termes de la série, à partir du n^e, décroîtront plus rapidement que ceux de la progression géométrique décroissante, ayant pour raison δ, progression évidemment convergente ; la série [15] est donc, à fortiori, convergente.

Rappelons maintenant que, pour un nombre entier quelconque k, on a généralement

$$\int_0^{2\pi} \cos^{2k} \mu \, d\mu = \left(\frac{1}{2}\right)^{k-1} \pi;$$

nous aurons donc

$$S = \frac{1}{2} \alpha^2 B^2 \left[2\pi + 2\left(1 - \frac{B}{A}\right)\pi + 3\left(1 - \frac{B}{A}\right)^2 \frac{\pi}{2} + 4\left(1 - \frac{B}{A}\right)^3 \frac{\pi}{2^2} + \dots\right]$$

$$= \alpha^2 B^2 \pi \left[1 + 2\frac{1 - \frac{B}{A}}{2} + 3\left(\frac{1 - \frac{B}{A}}{2}\right)^2 + 4\left(\frac{1 - \frac{B}{A}}{2}\right)^3 + \dots\right]$$

série convergente, qui n'est autre chose, abstraction faite du facteur $\alpha^2 B^2 \pi$, que le développement de l'expression $\left(1 - \frac{1 - \frac{B}{A}}{2}\right)^{-3}$; ce qui nous conduit, en observant que

$$\alpha^2 B^2 \pi \left(1 - \frac{1 - \frac{B}{A}}{2}\right)^{-2} = \alpha^2 B^2 \pi \left(\frac{1 + \frac{B}{A}}{2}\right)^{-2} = \frac{4 \alpha^2 \pi A^2 B^2}{(A+B)^2},$$

à cette formule remarquable

[16]
$$S = \alpha^2 \pi \left(\frac{AB}{\frac{A+B}{2}}\right)^2$$

Ce résultat ne s'applique, bien entendu, qu'aux surfaces convexo-convexes, c'est-à-dire celles pour lesquelles A et B sont de même signe. Si A et B étaient de signes contraires, il ne serait pas possible de développer γ^2 en une série convergente ; la courbe de contingence offrirait alors deux branches infinies, comme feraient deux hyperboles ayant le même centre et les mêmes asymptotes, et les axes inversement placés ; ces deux branches infinies correspondraient aux directions données par la formule $tg^2\mu = -\frac{B}{A}$, c'est-à-dire aux directions suivant lesquelles la courbure de la surface change de sens (§ VII).

Il suit de la formule [16] que pour 2 surfaces convexo-convexes qui auraient la même *courbure moyenne* $\frac{A+B}{2}$, $\sqrt{S}$ serait proportionnel au produit AB. Et comme $AB = \left(\frac{A+B}{2}\right)^2 - \left(\frac{A-B}{2}\right)^2$, il est clair que S sera, dans cette hypothèse, d'autant plus grand que les deux rayons extrêmes différeront peu l'un de l'autre, et que le maximum de S correspondra au cas de A=B, c'est-à-dire au cas où la courbure de la surface autour du point M est uniforme dans tous les sens. Pour une sphère de rayon $= 1$, on aurait $S = \alpha^2\pi$, résultat qui est comme évident à priori.

La formule [16], quoiqu'elle soit en défaut pour les surfaces convexo-concaves, s'applique néanmoins exactement au cas des surfaces développables, qu'on peut considérer, ainsi que nous l'avons déjà dit, comme une transition entre les surfaces convexo-convexes et convexo-concaves (§ VII).

Dans ce cas, la courbe de contingence est une courbe *quasi-fermée*, en ce sens que ses quatre branches infinies ont pour asymptôte commune l'arête rectiligne de la surface, et la formule [16], supposée obtenue d'abord pour une surface convexo-convexe très-peu différente de la surface développable, donne à la limite, c'est-à-dire en faisant $\frac{1}{A} = 0$,

$$S = 4\,\alpha^2\,\pi\,B^2,$$

valeur limite qui est égale à quatre fois l'aire d'un cercle décrit avec l'élément géodésique Bα qui correspond au maximum de la courbure, c'est-à-dire à la section faite normalement à l'arête rectiligne de la surface.

XIX.

Une surface étant donnée, supposée flexible, mais inextensible, on a vu, au § XII, que dans toutes les déformations qu'on peut faire subir à cette surface le produit AB des rayons de courbure extrêmes est invariable pour un point donné.

De là et des formules données dans les §§ XV, XVI et XVIII on conclut immédiatement : 1° *Que les aires totales des courbes indicatrices analogues* (D constant) *ou des courbes d'inclinaison analogues* (α constant) *restent invariables, pour un même point.*

2° *Que les aires totales des courbes de contingence analogues* (α constant) *sont entre elles inversement comme les carrés des courbures moyennes, au point donné, et que le maximum de l'aire totale correspond à l'état de la surface dans lequel la courbure, autour du point donné, est uniforme dans tous les sens.*

Il est bien clair, d'ailleurs, que, hors le cas des courbes d'inclinaison, ces théorèmes ne s'appliquent que lorsque la surface donnée est convexo-convexe. Une telle surface, dans toutes les déformations dont il est question ici, restera toujours convexo-convexe ; en effet, le produit AB reste constant, en sorte que l'un des rayons A, B ne peut changer de signe sans que l'autre ne change également ; or, par un double changement de ce genre, la surface, supposée d'abord convexo-convexe, ne change pas de caractère ; seulement elle tourne sa convexité en sens inverse.

XX.

Nous ne nous sommes occupés jusqu'à présent que des contacts du second ordre qu'on peut établir dans certaines conditions, entre une surface quelconque et un plan ou une sphère. Mais il n'est pas sans intérêt de considérer aussi les surfaces du second degré, dont la sphère est un cas particulier, dans leurs rapports avec les surfaces quelconques.

Généralement, une surface du second degré est déterminée, non de position, mais de figure par trois paramètres qui seront, par exemple, les trois axes principaux, rectangulaires entre eux, passant par le centre de la surface ; l'un de ces axes pouvant devenir infini, auquel cas le centre de la surface s'évanouit à l'infini (paraboloïde.)

Le problème d'établir un contact du second ordre entre une surface du second degré et une surface donnée sera, généralement parlant, indéterminé ; car, si par un point donné de la surface on imagine une surface du second degré, placée de manière à ce que les lignes de courbure des deux surfaces aient, au point commun, la même direction, l'équation de la surface du second degré aura la forme

$$z = \frac{1}{2\text{A}} x^2 + \frac{1}{2\text{B}} y^2 + \Omega,$$

A et B étant des fonctions des trois paramètres de la surface ; et l'on voit qu'en égalant A et B aux deux rayons de courbure principaux de la surface donnée, il y aura contact du second ordre dans toutes les directions ; or, on n'aura ainsi que deux conditions entre les trois paramètres de la surface du second degré. Toutefois, s'il s'agit d'un paraboloïde, le problème cessera d'être indéterminé.

Nous ne nous arrêterons ici qu'au cas où l'on se propose d'établir un contact du second ordre entre une surface, en un point quelconque, et l'un des sommets d'une surface du second degré. Pour fixer les idées, nous supposerons que la surface donnée est convexe dans tous les sens et nous la comparerons à un ellipsoïde dont a, b, c seraient les axes, et dont l'équation serait par conséquent, en prenant le centre de l'ellipsoïde pour origine des coordonnées,

$$\frac{x^2}{a^2} + \frac{y^2}{b^2} + \frac{z^2}{c^2} = 1.$$

En transportant l'origine des coordonnées au sommet de l'axe c, sans rien changer à l'orientation des axes, si ce n'est le sens de l'axe des z, cette équation se transforme aisément en celle-ci :

$$z = \frac{c}{2 a^2} x^2 + \frac{c}{2 b^2} y^2 + \Omega,$$

Pour établir un contact du second ordre entre l'ellipsoïde et la surface donnée, il suffira d'écrire

$$\frac{c}{a^2} = \frac{1}{A}, \quad \frac{c}{b^2} = \frac{1}{B},$$

équations qui ne suffisent pas à déterminer complétement l'ellipsoïde.

Maintenant supposons que l'ellipsoïde qui nous sert de terme de comparaison soit de révolution. Deux cas sont alors à considérer, suivant que l'axe de révolution est l'axe c, au sommet duquel doit avoir lieu le contact, ou bien l'un des deux autres.

Dans le premier cas, on a $a = b$, et les équations ci-dessus ne peuvent subsister ensemble toutes les fois que A et B ont des valeurs différentes. Alors il n'y aura pas contact du second ordre dans toutes les directions, mais si l'on pose

$$\frac{c}{a^2} x^2 + \frac{c}{a^2} y^2 = \frac{1}{A} x^2 + \frac{1}{B} y^2,$$

on verra que pour toute valeur qu'on donnera au rayon de courbure $\frac{a^2}{c}$, il y aura deux directions réelles ou imaginaires (symétriques par rapport aux lignes de courbure), suivant lesquelles il y aura contact du second ordre ; et de même, pour tout système de directions symétriques sur la surface, on aura une valeur toujours réelle de $\frac{a^2}{c}$ qui conviendra à une infinité d'ellipsoïdes de révolution osculateurs à la surface et entre eux, au sommet de l'axe de révolution. Les choses se passeront, en définitive, comme si l'ellipsoïde de révolution était remplacé, dans toutes les hypothèses, par une sphère dont le rayon serait $\frac{a^2}{c}$, et qui serait alors osculatrice dans tous les sens à l'ellipsoïde.

Dans le second cas, on aura, par exemple, $a = c$, et les deux paramètres a et b se détermineront, sans ambiguïté, par les équations

$$\frac{1}{a} = \frac{1}{A}, \qquad \frac{a}{b^2} = \frac{1}{B},$$

d'où

$$a = A, \qquad b = \sqrt{AB}$$

ainsi il y aura alors un ellipsoïde, et un seul, dont la courbure au sommet de l'un des axes, autre que l'axe de révolution, pourra exactement représenter la courbure de la surface, et il faut remarquer :

1° *Que l'axe équatorial de l'ellipsoïde est égal à l'un des rayons de courbure de la surface* ;

2° *Que la mesure de la courbure de la surface est réciproque au carré de l'axe de révolution de l'ellipsoïde.*

Il est à peine nécessaire d'ajouter qu'on obtiendrait des résultats tout à fait semblables en comparant une surface convexo-concave à un hyperboloïde de révolution.

MÉMOIRE

SUR UNE CERTAINE CLASSE DE COURBES.

MÉMOIRE

SUR UNE CERTAINE CLASSE DE COURBES.

1.

Lorsqu'un point mobile, libre dans l'espace ou assujetti à rester sur une surface déterminée, est soumis à l'action d'un système donné de forces, il existe une infinité de trajectoires différentes qu'on peut lui faire suivre. Parmi ces trajectoires, quelques-unes jouissent de propriétés remarquables. Je m'occuperai, dans ce Mémoire, des courbes qui rendent minimum une intégrale de la forme $\int \varphi(v)\, ds$, ds étant l'élément linéaire de la courbe, et $\varphi(v)$ une certaine fonction de la vitesse. Je supposerai, d'ailleurs, qu'il existe une fonction qui aurait pour dérivées respectivement par rapport à x, y, z les forces appliquées X, Y, Z; et l'on sait que, dans ce cas, l'on a, en vertu du principe des forces vives [1],

$$X = v\,\frac{dv}{dx}, \quad Y = v\,\frac{dv}{dy}, \quad Z = v\,\frac{dv}{dz},$$

---

[1] Les notions de la mécanique ne sont introduites ici que pour donner plus de clarté au discours; car on sent qu'abstraction faite de tout ce qui a rapport aux forces, on peut définir v comme étant simplement une fonction quelconque de x, y, z, et dt comme une variable auxiliaire choisie de manière à satisfaire à la formule $v = \frac{ds}{dt}$, t étant ensuite pris pour variable indépendante, ainsi qu'il est permis de le faire; les résultats présentés dans ce Mémoire ne gardent d'ailleurs aucune trace de cette variable, si ce n'est pour les courbes et les surfaces tautochrones considérées au § IV.

II.

Avant tout, il importe de remarquer que *la classe* de courbes dont je m'occupe ici, renferme certaines *espèces* qui ont déjà été étudiées, savoir :

1° Les courbes *géodésiques*, qui correspondent au cas de $\varphi(v) =$ constante, et parmi lesquelles on peut comprendre les *lignes de courbure*, qui ne sont qu'une variété des géodésiques ;

2° Les *brachistochrônes* [1], pour lesquelles $\varphi(v) = \frac{1}{v}$.

3° Quand on prend $\varphi(v) = v$, les courbes qui correspondent à l'intégrale $\int v\,ds = \int v^2\,dt$, ne sont autre chose que les trajectoires que le mobile est *naturellement* entraîné à suivre sous l'action du système donné de forces. Cette propriété si remarquable des *trajectoires naturelles*, qu'Euler a trouvée le premier, constitue le *principe de la moindre action*. Elle dérive, comme on le verra ci-après au § VIII, des équations mêmes du mouvement d'un point sur une surface donnée ou dans l'espace.

III.

Dans le cas général, les équations de la courbe qui rend minimum l'intégrale $\int \varphi(v)\,ds$ s'obtiennent aisément à l'aide de la méthode des variations, qu'on peut appliquer comme il suit.

---

[1] Dans une Thèse présentée le 1er juillet 1847 à la Faculté des sciences de Paris, j'ai déjà étudié spécialement les propriétés des courbes brachistochrônes. Envisageant dans le présent Mémoire une question analogue, mais plus générale, j'ai eu à revenir sur quelques-unes de ces propriétés, celles qui étaient susceptibles d'être généralisées.

Supposons ces équations connues, les lois du mouvement du point matériel s'exprimeront par des équations de la forme

[1] $$x = \lambda(t) \quad , \quad y = \lambda_1(t) \quad , \quad z = \lambda_2(t).$$

Si, au lieu de se mouvoir sur la courbe que ces équations déterminent, le point mobile était forcé de suivre une courbe infiniment rapprochée, les lois du mouvement de ce point pourraient être représentées alors par des équations telles que

[2] $$x = \lambda(t) + \omega \quad , \quad y = \lambda_1(t) + \omega_1 \quad , \quad z = \lambda_2(t) + \omega_2,$$

ω, ω_1, ω_2 étant des fonctions de t de l'ordre de dt.

Si le mobile est absolument libre, les fonctions ω, ω_1, ω_2 pourront être entièrement arbitraires; mais si le mobile doit se mouvoir sur une surface $F(x, y, z) =$ constante, les fonctions ω, ω_1, ω_2 seront liées entre elles par la condition

[3] $$\frac{dF}{dx}\omega + \frac{dF}{dy}\omega_1 + \frac{dF}{dz}\omega_2 = o.$$

Cela posé, en admettant d'abord que le point de départ et le point d'arrivée soient donnés de position, la variation de l'intégrale $\int \varphi(v)ds$, en passant de la courbe [1] à la courbe [2], sera

$$\delta \int \varphi(v)\,ds = \int \delta.\varphi(v)\,ds = \int ds\,\delta\varphi(v) + \varphi(v)\,\delta ds = \int ds\,\varphi'(v)$$
$$\left(\frac{dv}{dx}\omega + \frac{dv}{dy}\omega_1 + \frac{dv}{dz}\omega_2\right) + \varphi(v)\left(\frac{dx}{ds}d\omega + \frac{dy}{ds}d\omega_1 + \frac{dz}{ds}d\omega_2,\right)$$

ou bien, d'après un mode de transformation bien connu

$$\delta \int \varphi(v)\,ds = \int \omega\left(\varphi'(v)\frac{dv}{dx}ds - d\frac{dx}{ds}\varphi(v)\right)$$
$$+ \omega_1\left(\varphi'(v)\frac{dv}{dy}ds - d\frac{dy}{ds}\varphi(v)\right) + \omega_2\left(\varphi'(v)\frac{dv}{dz}ds - d\frac{dz}{ds}\varphi(v).\right)$$

Or, pour que l'intégrale $\int \varphi(v)ds$ soit un minimum, il faudra que la variation de cette intégrale soit nulle pour toutes les valeurs qu'il sera possible de donner à $\omega, \omega_1, \omega_2$. Si le point est absolument libre, on aura, d'après cela, les trois équations symétriques

$$
\left\{
\begin{aligned}
\varphi'(v)\frac{dv}{dx}ds - d\frac{dx}{ds}\varphi(v) &= o, \\
\varphi'(v)\frac{dv}{dy}ds - d\frac{dy}{ds}\varphi(v) &= o, \\
\varphi'(v)\frac{dv}{dz}ds - d\frac{dz}{ds}\varphi(v) &= o.
\end{aligned}
\right.
$$

Si le point est assujetti à rester sur une surface donnée, auquel cas les variations $\omega, \omega_1, \omega_2$ sont liées entre elles par la condition [3], on multipliera le premier membre de l'équation [3] par un certain facteur θ; le produit, qui est identiquement nul, étant introduit sous le signe $\int$, on déterminera θ de manière à faire disparaître ω de l'expression $\delta \int \varphi(v)ds$. Alors les coefficients de ω_1 et de ω_2 devront être identiquement nuls, ce qui fournit, en égalant les trois valeurs de θ qu'on obtiendrait ainsi, l'équation à trois membres

$$
(A) \quad \frac{\varphi'(v)\frac{dv}{dx}ds - d\frac{dx}{ds}\varphi(v)}{\frac{dF}{dx}} = \frac{\varphi'(v)\frac{dv}{dy}ds - d\frac{dy}{ds}\varphi(v)}{\frac{dF}{dy}} = \frac{\varphi'(v)\frac{dv}{dz}ds - d\frac{dz}{ds}\varphi(v)}{\frac{dF}{dz}}
$$

IV.

Si le point de départ et le point d'arrivée n'étaient pas donnés de position, on obtiendrait, relativement à ces points limites (1) et (2), des conditions qu'il importe de considérer.

La variation de l'intégrale $\int \varphi\,(v)\,ds$ comprendrait alors, en dehors du signe $\int$, les termes suivants :

$$\left[\varphi\,(v)\frac{dx}{ds}\omega\right]_2 + \left[\varphi\,(v)\frac{dy}{ds}\omega_1\right]_2 + \left[\varphi\,(v)\frac{dz}{ds}\omega_2\right]_2 + \left[\delta\,v\,\varphi\,(v)\right]_2$$
$$-\left[\varphi\,(v)\frac{dx}{ds}\omega\right]_1 - \left[\varphi\,(v)\frac{dy}{ds}\omega_1\right]_1 - \left[\varphi\,(v)\frac{dz}{ds}\omega_2\right]_1 - \left[\delta\,v\,\varphi\,(v)\right]_1$$

Considérons en particulier sur une surface donnée les trajectoires pour lesquelles $v\,\varphi\,(v)$ est constant, ce qui comprendra deux espèces, les géodésiques et les brachistochrônes, et supposons que le point de départ soit fixe, on aura simplement, pour le point d'arrivée,

[1]
$$\frac{dx}{ds}\omega + \frac{dy}{ds}\omega_1 + \frac{dz}{ds}\omega_2 = 0,$$

d'où il résulte que, pour le même temps t, le lieu géométrique des points d'arrivée sera une courbe normale à chacune des trajectoires.

Plus généralement, on voit que si la condition [1] a lieu pour les points de départ, elle aura également lieu pour les points d'arrivée, ce qui donne le théorème suivant :

Si l'on imagine, sur une surface donnée, une série de géodésiques ou de brachistochrônes issues normalement d'une même courbe, et que l'on considère sur chacune d'elles des arcs parcourus dans le même temps, la courbe tautochrône formée par les extrémités de ces arcs sera elle-même normale à chacune des trajectoires ([1]).

([1]) Ce théorème est dû à M. Gauss pour le cas des géodésiques. M. Bertrand l'a plus tard énoncé et démontré synthétiquement pour les brachistochrônes; j'en ai moi-même donné, dans le tome XII du Journal de M. Liouville, une démonstration analytique, pour ce même cas des brachistochrônes, en suivant la marche tracée par M. Gauss pour les géodésiques. Cette démonstration analytique peut d'ailleurs s'étendre à une fonction $\varphi(v)$ quelconque, et elle conduit à ce résultat, que la propriété des courbes tautochrônes orthogonales n'appartient généralement, dans la classe des trajectoires qui rendent minimum l'intégrale $\int \varphi(v)ds$, qu'aux deux seules espèces géodésique et brachistochrône. (Voir la note placée à la fin du présent Mémoire.)

14

Des considérations analogues s'appliquent évidemment au cas des brachistochrônes *absolues* et des géodésiques *absolues* (lignes droites), c'est-à-dire au cas où le mobile peut se mouvoir librement, sous l'action des forces données, sans être assujetti à rester sur telle ou telle surface ; on est alors conduit à ce théorème :

Si l'on imagine une série de géodésiques ou de brachistochrônes absolues, issues normalement d'une surface quelconque, et que l'on considère sur chacune d'elles des arcs parcourus dans le même temps, la surface tautochrône formée par les extrémités de ces arcs sera elle-même normale à chacune des trajectoires.

On voit, du reste, que, dans l'un et l'autre cas, la propriété des courbes ou des surfaces tautochrônes orthogonales n'appartiendra pas, généralement, aux autres espèces comprises dans la classe que nous étudions, à cause du terme $\left\{ \left[\delta v \left(\varphi v \right) \right]_2 - \left[\delta(v) \varphi (v) \right]_1 \right\}$ qui ne sera généralement pas nul.

V.

Etudions maintenant les équations générales (A) du § III, que nous représenterons simplement par

(A) $$ \varkappa (x) = \varkappa (y) = \varkappa (z) \ , $$

en posant

$$ \varkappa (x) = \frac{\varphi'(v) \dfrac{dv}{dx} - \dfrac{d \dfrac{dx}{ds} \varphi (v)}{ds}}{\dfrac{dF}{dx}} = \frac{\varphi'(v) \left(\dfrac{dr}{dx} \dfrac{dx}{ds} \dfrac{dv}{ds} \right) - \varphi (v) \dfrac{d \dfrac{dx}{ds}}{ds}}{\dfrac{dF}{dx}} $$

Posons en outre

$$\lambda\,(x) = \dfrac{d\,\dfrac{dx}{ds}}{\dfrac{dF}{dx}}, \quad \text{et} \quad \mu\,(x) = \dfrac{\dfrac{dv}{dx} - \dfrac{dx}{ds}\,\dfrac{dv}{ds}}{\dfrac{dF}{dx}},$$

les équations

$$\lambda\,(x) = \lambda\,(y) = \lambda\,(z),$$

qui correspondent au cas où l'on suppose v ou $\varphi(v)$ constant, représenteront évidemment les géodésiques de la surface $F =$ constante : d'autre part, les équations

$$\mu\,(x) = \mu\,(y) = \mu\,(z)$$

s'appliqueront à une certaine espèce de courbes, qu'avant d'aller plus loin il est essentiel de caractériser.

VI.

Cette espèce de courbes n'est autre chose, on va le voir, que celle des *lignes de plus grande pente*, relativement au système donné de forces.

J'appelle *ligne de plus grande pente* celle dont la tangente, en chaque point, fait avec la direction de la résultante R des forces X, Y, Z, l'angle le plus petit possible.

En d'autres termes, cette courbe sera, sur une surface donnée, l'enveloppe des projections de la force en chaque point, et, dans l'espace absolu, l'enveloppe des directions mêmes de la force.

On peut encore définir, si l'on aime mieux, les lignes de plus grande pente comme étant, en chaque point, normales aux courbes de niveau sur une surface donnée, ou aux surfaces de niveau dans l'espace absolu ; ces courbes et ces surfaces de niveau étant représentées par l'équation de condition

$r =$ constante, jointe, pour les courbes, à l'équation de la surface $F =$ constante.

Ces définitions, qui n'expriment au fond qu'une seule et même propriété caractéristique, vont nous conduire aisément aux équations des lignes de plus grande pente.

En effet, la direction de la force peut s'exprimer par les cosinus des trois angles qu'elle forme avec les axes coordonnées, et ces cosinus sont

$$\frac{v \dfrac{dr}{dx}}{R}, \quad \frac{v \dfrac{dv}{dy}}{R}, \quad \frac{v \dfrac{dv}{dz}}{R};$$

de même la direction de la tangente à la courbe dont il s'agit de trouver les équations, étant exprimée par les trois cosinus

$$\frac{dx}{ds}, \quad \frac{dy}{ds}, \quad \frac{dz}{ds},$$

l'angle α de ces deux directions sera donné par la formule

$$\cos\alpha = \frac{v\left(\dfrac{dv}{dx}\,dx + \dfrac{dv}{dy}\,dy + \dfrac{dv}{dz}\,dz\right)}{R\,ds} = \frac{v}{R}\frac{dv}{ds},$$

équation que nous aurions pu écrire immédiatement, car, mise sous la forme $R \cos\alpha = \dfrac{dv}{dt}$, elle exprime que la projection de la force R, suivant une certaine direction, donne la mesure de l'accroissement instantané de la vitesse dans cette direction.

Maintenant, quelle que soit la direction que l'on voudra considérer autour du point M, R et v auront des valeurs invariables qui ne dépendent que de la position même de ce point. Par conséquent la direction qui rendra minimum α, c'est-à-dire la direction de la ligne de plus grande pente sera aussi celle qui rendra maximum le rapport $\frac{dv}{ds}$, que nous appellerons l'*accélération spécifique*. Mais on a, généralement,

$$\delta \frac{dv}{ds} = \frac{ds\, \delta\, dv - dv\, \delta\, ds}{ds^2}$$

D'autre part, si au lieu de la direction dont les trois cosinus sont $\frac{dx}{ds}, \frac{dy}{ds}, \frac{dz}{ds}$, on considère une direction infiniment voisine, on pourra poser

$$\delta\, dx = \omega, \qquad \delta\, dy = \omega_1, \qquad \delta\, dz = \omega_2,$$

et l'on aura

$$\delta\, ds = \frac{dx}{ds}\, \omega + \frac{dy}{ds}\, \omega_1 + \frac{dz}{ds}\, \omega_2$$

avec

$$\delta\, dv = \frac{dv}{dx}\, \omega + \frac{dv}{dy}\, \omega_1 + \frac{dv}{dz}\, \omega_2 ;$$

on aura, de plus, si le mobile doit rester sur la surface F = constante ,

[1]
$$\frac{dF}{dx}\, \omega + \frac{dF}{dy}\, \omega_1 + \frac{dF}{dz}\, \omega_2 = o.$$

D'après cela, la variation $\delta \frac{dv}{ds}$ s'exprimera ici par la formule

$$\delta \frac{dv}{ds} = \left(\frac{dv}{dx}\, ds - \frac{dx}{ds}\, dv \right) \omega + \left(\frac{dv}{dy}\, ds - \frac{dy}{ds}\, dv \right) \omega_1 + \left(\frac{dv}{dz}\, ds - \frac{dz}{ds}\, dv \right) \omega_2 ,$$

et devra être nulle, ω, ω_1, ω_2 étant assujettis seulement à satisfaire à l'équation de condition [1], ce qui donnera pour les équations des lignes de plus grande pente

$$\frac{\dfrac{dv}{dx}\,ds - \dfrac{dx}{ds}\,dv}{\dfrac{d\mathrm{F}}{dx}} = \frac{\dfrac{dv}{dy}\,ds - \dfrac{dy}{ds}\,dv}{\dfrac{d\mathrm{F}}{dy}} = \frac{\dfrac{dv}{dz}\,ds - \dfrac{dz}{ds}\,dv}{\dfrac{d\mathrm{F}}{dz}},$$

ou bien

$$\mu\,(x) \;=\; \mu\,(y) \;=\; \mu\,(z)\;.$$

Ces équations se réduisent d'ailleurs à

$$\mu\,(x) = o, \quad \mu\,(y) = o, \quad \mu\,(z) = o,$$

quand le mobile est absolument libre, et représentent alors la ligne de plus grande pente absolue.

VII.

D'après ce qui précède, les équations des courbes qui rendent minimum l'intégrale $\int \varphi(v)ds$, peuvent se mettre sous la forme

$$\chi\,(x) = \chi\,(y) = \chi\,(z)\;,$$

en prenant

$$\chi\,(x) = \varphi'\,(v)\,\mu\,(x) - \varphi\,(v)\,\lambda\,(x)\;,$$

ou bien sous la forme

$$\chi_1\,(x) = \chi_1\,(y) = \chi_1\,(z)\;,$$

en prenant

$$\chi_1\,(x) = \psi\,(v)\,\mu\,(x) - \lambda\,(x)\;,$$

avec

$$\psi\,(v) = \frac{\varphi'\,(v)}{\varphi\,(v)}.$$

Pour chaque valeur distincte de $\varphi(v)$, ou, pour mieux dire, de $\psi(v)$, on obtiendra des courbes de différente *espèce*, et, parmi ces courbes, on pourra compter, comme *espèce singulière*, les lignes de plus grande pente, qui correspondent au cas de $\psi(v) = \infty$, ou si l'on aime mieux de $\dfrac{\varphi(v)}{\varphi'(v)} = o$ quel que soit v. L'on voit, du reste, que les équations des courbes qui rendent minimum l'intégrale $\varphi(v)\,ds$ ne dépendent pas, en réalité, de la fonction φ, mais bien du rapport $\psi = \dfrac{\varphi'}{\varphi}$. C'est ce qu'il est aisé de s'expliquer : car soient φ et Φ deux fonctions de v telles que l'on ait

$$\frac{\varphi'}{\varphi} = \frac{\Phi'}{\Phi},$$

on tirera de là, par l'intégration,

$$\log \varphi = \log \Phi + \mathrm{K},$$

K étant une constante arbitraire ; d'où

$$\varphi = \mathrm{K}\,\Phi \quad ;$$

ainsi le rapport $\dfrac{\varphi}{\Phi}$ sera une constante K ; il est donc naturel que les mêmes courbes correspondent aux fonctions φ et Φ, quel que soit v, car cela revient à dire que la même courbe rend minimum toutes les intégrales de la forme K $\int \varphi(v)\,ds$, chose évidente *à priori*.

VIII.

Nous avons déjà dit, au § II, que les courbes qui correspondent à l'intégrale $\int v\,ds = \int v^2\,dt$ ne sont autre chose que les trajectoires qui seraient naturellement suivies par le mobile sur la surface $\mathrm{F} = $ constante, sous l'influence des forces X, Y, Z. Pour le démontrer, rappelons que les équations du mouvement d'un point de cette surface peuvent, comme on sait, être mises sous la forme

$$\begin{cases} \dfrac{d^2x}{dt^2} = X + Q \cos \lambda \\[2mm] \dfrac{d^2y}{dt^2} = Y + Q \cos \mu \\[2mm] \dfrac{d^2z}{dt^2} = Z + Q \cos \nu \end{cases}$$

λ, μ, ν étant les angles que la normale fait respectivement avec les trois axes coordonnés, et Q étant la valeur variable à chaque instant de la résistance de la surface, force égale et inverse à la pression exercée normalement par le mobile.

D'autre part, en posant, pour abréger,

$$V = \sqrt{\left(\dfrac{dF}{dx}\right)^2 + \left(\dfrac{dF}{dy}\right)^2 + \left(\dfrac{dF}{dz}\right)^2}$$

on a

$$\cos \lambda = \dfrac{\dfrac{dF}{dx}}{V}, \quad \cos \mu = \dfrac{\dfrac{dF}{dy}}{V}, \quad \cos \nu = \dfrac{\dfrac{dF}{dz}}{V};$$

on pourra donc écrire

$$\begin{cases} \dfrac{d^2x}{dt^2} = X + \dfrac{Q}{V}\dfrac{dF}{dx} \\[2mm] \dfrac{d^2y}{dt^2} = Y + \dfrac{Q}{V}\dfrac{dF}{dy} \\[2mm] \dfrac{d^2z}{dt^2} = Z + \dfrac{Q}{V}\dfrac{dF}{dz} \end{cases}$$

d'où l'on tire, en égalant les trois valeurs de $\dfrac{Q}{V}$, les équations de la trajectoire naturelle sous la forme suivante :

$$-\dfrac{Q}{V} = \dfrac{X - \dfrac{d^2x}{dt^2}}{\dfrac{dF}{dx}} = \dfrac{Y - \dfrac{d^2y}{dt^2}}{\dfrac{dF}{dy}} = \dfrac{Z - \dfrac{d^2z}{dt^2}}{\dfrac{dF}{dz}}$$

Dans le cas où il existe une fonction des forces, on a

$$X = v \frac{dv}{dx}, \quad Y = v \frac{dv}{dy}, \quad Z = v \frac{dv}{dz},$$

et par suite

$$X - \frac{d^2 x}{dt^2} = v \frac{dv}{dx} - \frac{d\frac{dx}{dt}}{dt} = v \frac{dv}{dx} - \frac{d\frac{dx}{ds} v}{dt} = v \frac{dv}{dx} - \frac{dx}{ds}\frac{dv}{dt} - v \frac{d\frac{dx}{ds}}{dt}$$

$$= v \left(\frac{dv}{dx} - \frac{dx}{ds}\frac{dv}{ds} \right) - v^2 \frac{d\frac{dx}{ds}}{ds};$$

on aura donc

$$- \frac{Q}{V v^2} = \frac{\frac{1}{v}\left(\frac{dv}{dx} - \frac{dx}{ds}\frac{dv}{ds} \right) - \frac{d\frac{dx}{ds}}{ds}}{\frac{dF}{dx}} = \text{etc.},$$

en sorte que les équations de la trajectoire naturelle prendront la forme

$$\frac{-Q}{r^2 \sqrt{\left(\frac{dF}{dx}\right)^2 + \left(\frac{dF}{dy}\right)^2 + \left(\frac{dF}{dz}\right)^2}} = \frac{1}{v} \mu(x) - \lambda(x) = \frac{1}{v} \mu(y) - \lambda(y)$$

$$= \frac{1}{v} \mu(z) - \lambda(z);$$

sous cette forme on voit clairement que ces équations sont celles de la courbe qui rend minimum l'intégrale $\int v ds$ ou $\int v^2 dt$.

Remarquons, d'ailleurs, que ces équations se réduiraient à

$$\frac{1}{v} \mu(x) - \lambda(x) = o , \quad \frac{1}{v} \mu(y) - \lambda(y) = o , \quad \frac{1}{v} \mu(z) - \lambda(z) = o,$$

dans le cas où le mobile serait absolument libre, et qu'il suffirait, pour arriver à ce résultat, de reprendre les mêmes calculs dans l'hypothèse $Q = o$.

IX.

Considérons les courbes pour lesquelles le rapport $\frac{\varphi(v)}{\varphi'(v)}$ s'annule quand on y fait $v = o$.

THÉORÈME. — *Toutes les courbes de cette catégorie sont tangentes à la ligne de plus grande pente ou, ce qui revient au même, normales aux courbes de niveau en tous les points où la vitesse est nulle.*

Car on voit que, pour ces points, la direction de la tangente est indiquée par les équations

$$\mu(x) = \mu(y) = \mu(z),$$

qui sont celles de la ligne de plus grande pente.

Cette catégorie de courbes comprend, en particulier, les brachistochrônes, les trajectoires naturelles, etc. ; mais il est évident qu'elle ne comprend point les lignes géodésiques.

X.

Si un mobile suit l'une des courbes de la classe (A), la résultante des forces appliquées, estimée suivant le rayon de courbure, peut s'exprimer très-simplement, dans un grand nombre de cas, en fonction de la force centrifuge $\frac{v^2}{r}$ (r étant la longueur du rayon de courbure).

On a d'abord,

$$r = \frac{ds}{\sqrt{\left(d\,\frac{dx}{ds}\right)^2 + \left(d\,\frac{dy}{ds}\right)^2 + \left(d\,\frac{dz}{ds}\right)^2}},$$

et l'on sait que les angles que fait la direction du rayon de courbure avec les trois axes ont respectivement pour cosinus $r\frac{d\frac{dx}{ds}}{ds}$, $r\frac{d\frac{dy}{ds}}{ds}$, $r\frac{d\frac{dz}{ds}}{ds}$; de là résulte l'expression N de la projection ou de la composante dont il s'agit, savoir :

$$N = \frac{vr}{ds}\left(\frac{dv}{dx}\,d\frac{dx}{ds} + \frac{dv}{dy}\,d\frac{dy}{ds} + \frac{dv}{dz}\,d\frac{dz}{ds}\right)$$

D'autre part, θ étant l'angle que la normale à la surface fait avec la direction du rayon de courbure, on a

$$\cos\theta = \frac{\frac{dF}{dx}\,d\frac{dx}{ds} + \frac{dF}{dy}\,d\frac{dy}{ds} + \frac{dF}{dz}\,d\frac{dz}{ds}}{\sqrt{\left(\frac{dF}{dx}\right)^2 + \left(\frac{dF}{dy}\right)^2 + \left(\frac{dF}{dz}\right)^2}\,\sqrt{\left(d\frac{dx}{ds}\right)^2 + \left(d\frac{dy}{ds}\right)^2 + \left(d\frac{dz}{ds}\right)^2}}$$

Cela posé, si, dans l'équation générale (A) du § V, on multiplie les deux termes de chaque rapport respectivement par $d\frac{dx}{ds}$, $d\frac{dy}{ds}$, $d\frac{dz}{ds}$, et qu'on ajoute, on aura, après quelques réductions,

$$\chi = \frac{N\,\frac{\varphi'(v)}{v} - \frac{\varphi(v)}{r}}{\cos\theta\,\sqrt{\left(\frac{dF}{dx}\right)^2 + \left(\frac{dF}{dy}\right)^2 + \left(\frac{dF}{dz}\right)^2}},$$

expression fort remarquable en elle-même en ce qu'elle donne le symbole χ sous forme d'une fonction très-simple, symétriquement composée en x, y, z; dans les équations (A) au contraire, χ a trois valeurs qui ne présentent qu'une symétrie partielle, c'est-à-dire telles que de l'une quelconque on peut déduire les deux autres par un simple changement entre les lettres x, y, z.

Pour le cas particulier des trajectoires naturelles, sur une surface donnée, on a déjà vu que l'on a

$$\chi = \frac{-Q}{r \sqrt{\left(\frac{dF}{dx}\right)^2 + \left(\frac{dF}{dy}\right)^2 + \left(\frac{dF}{dz}\right)^2}} ;$$

on doit donc avoir, pour ces courbes,

$$\frac{-Q}{v} = \frac{\dfrac{N}{v} - \dfrac{v}{r}}{\cos\theta}$$

d'où

[1] $$N + Q \cos\theta = \frac{v^2}{r}.$$

Ce résultat est aisé à démontrer *à priori*. En effet, à chaque instant du mouvement et pour une trajectoire quelconque, les forces appliquées X, Y, Z, combinées avec la résistance Q de la surface, peuvent se ramener, en définitive, à deux composantes : 1° une composante dirigée suivant le rayon de courbure, et ayant évidemment pour valeur $N + Q \cos\theta$; 2° une composante ayant une certaine direction dans le plan tangent à la surface. S'il s'agit d'une trajectoire naturelle, le mobile étant alors libre de glisser dans tous les sens, sur le plan tangent, cette deuxième composante ne peut être que tangentielle à la trajectoire, et elle n'aura conséquemment d'autre effet que de produire un changement dans la vitesse v [1]. La seule force $N + Q \cos\theta$ devra donc équilibrer la force centrifuge $\dfrac{v^2}{r}$.

Ce mode de raisonnement ne s'appliquerait pas à toute autre ligne qu'à une trajectoire naturelle ; car alors le mobile étant *obligé* de suivre une trajectoire autre que celle qui convient à la libre action, sur la surface $F =$ constante, des forces données, il faudrait tenir compte, non plus de la résis-

---

[1] Cela revient à ce théorème, qui est pour ainsi dire évident par lui-même : *Le plan osculateur d'une trajectoire naturelle contient toujours la résultante des forces appliquées*, en comprenant parmi ces forces la résistance de la surface, si l'on se donne une surface.

De là, comme cas particulier, le théorème relatif aux géodésiques (page 118). *Le plan osculateur d'une géodésique passe toujours par la normale à la surface.*

tance Q de la surface, mais de la résistance de la trajectoire donnée elle-
même.

Si les forces X, Y, Z sont constamment nulles, alors la vitesse v du mobile est constante; l'intégrale $\int v ds$ qui caractérise les trajectoires naturelles, équivaut à l'intégrale $\int ds$ qui caractérise les géodésiques, lesquelles ne sont, à ce point de vue, qu'une *variété* des trajectoires naturelles,
comme elles sont, du reste, une variété de toutes les espèces de la classe
(A) pour le cas où la force $R = o$. D'ailleurs, il est évident que l'équation [1]
ci-dessus doit subsister toujours; seulement la composante N s'évanouit;
de plus, l'angle $\theta = o$, comme nous le ferons voir tout à l'heure. L'équation
précédente se réduit donc simplement à celle-ci :

$$Q = \frac{v^2}{r} \; ;$$

de là les théorèmes suivants :

1. *Lorsqu'un mobile, après avoir reçu une certaine vitesse initiale,
se meut librement sur une surface, il décrit, d'un mouvement uniforme,
une géodésique.*

2. *La force centrifuge qui tend à chaque instant à se développer
dans ce mouvement, est équilibrée par la résistance de la surface, et
cette résistance, qui mesure aussi la pression du mobile, est toujours
en raison inverse du rayon de courbure de la géodésique.*

3. *Si la surface donnée est plane, ou si le mobile est absolument
libre dans l'espace, il décrit une ligne droite; les forces centrifuges et
les pressions s'évanouissent.*

Quant aux équations différentielles des géodésiques sur une surface
donnée, nous les obtenons, d'après ce qui précède, sous la forme :

$$\frac{1}{r \cos \theta \sqrt{\left(\frac{dF}{dx}\right)^2 + \left(\frac{dF}{dy}\right)^2 + \left(\frac{dF}{dz}\right)^2}} = \frac{d\frac{dx}{ds}}{\frac{ds}{\frac{dF}{dx}}} = \text{etc.}$$

ou encore sous la forme suivante :

$$\begin{cases} \dfrac{r\,d\dfrac{dx}{ds}}{ds} = \dfrac{\dfrac{dF}{dx}\cos\theta}{\sqrt{\left(\dfrac{dF}{dx}\right)^2 + \left(\dfrac{dF}{dy}\right)^2 + \left(\dfrac{dF}{dz}\right)^2}} \\[3em] \dfrac{r\,d\dfrac{dy}{ds}}{ds} = \dfrac{\dfrac{dF}{dy}\cos\theta}{\sqrt{\left(\dfrac{dF}{dx}\right)^2 + \left(\dfrac{dF}{dy}\right)^2 + \left(\dfrac{dF}{dz}\right)^2}} \\[3em] \dfrac{r\,d\dfrac{dz}{ds}}{ds} = \dfrac{\dfrac{dF}{dz}\cos\theta}{\sqrt{\left(\dfrac{dF}{dx}\right)^2 + \left(\dfrac{dF}{dy}\right)^2 + \left(\dfrac{dF}{dz}\right)^2}} \end{cases}$$

Si l'on élève au carré les deux membres de chacune de ces équations, et qu'on ajoute, on voit de suite que $\cos^2\theta = 1$, ce qui revient à ce théorème bien connu :

Le rayon de courbure des géodésiques est toujours dirigé suivant la normale à la surface; théorème identique, au fond, à celui-ci :

Le plan osculateur en chaque point d'une ligne géodésique, passe par la normale à la surface.

Cette propriété est tout à fait caractéristique, en ce sens qu'elle fournit immédiatement les équations différentielles de ces lignes, sous la forme ci-dessus, avec $\cos\theta = 1$.

Maintenant considérons en particulier, dans la classe générale (A) :

1° Les courbes *planes*, ou, pour mieux dire, celles qui correspondent au cas où la surface donnée est un plan ; pour toutes ces courbes, la ligne droite exceptée, on a $\cos\theta = o$;

2° Les courbes *absolues*, c'est-à-dire celles qui correspondent au cas où le mobile est absolument libre ; pour ces dernières courbes, y compris la ligne droite, on a $\chi = o$.

Dans ces deux cas, la valeur générale de χ, énoncée précédemment, donnera

$$N \frac{\varphi'(v)}{v} - \frac{\varphi(v)}{r} = 0,$$

et l'on en tire

$$N = \frac{v^2}{r} \cdot \frac{\varphi(v)}{v \varphi'(v)}$$

ou, plus simplement,

$$N = \frac{v^2}{r} \cdot \frac{1}{v \psi(v)}.$$

On se rappelle que la caractéristique $\psi(v)$ distingue entre elles les diverses espèces de courbes qui composent la classe (A). Le résultat ci-dessus nous apprend que, dans les cas où l'on a $\psi(v) = \pm \frac{1}{v}$, c'est-à-dire *pour les bra-chistochrônes et les trajectoires naturelles, la composante* N *est égale en grandeur absolue à la force centrifuge* $\frac{v^2}{r}$, *quand le mobile est libre ou doit se mouvoir dans un plan donné* ([1]).

Ce théorème, en ce qui concerne les brachistochrônes planes, a été établi par Euler (*Mechanica*, tome II), qui l'avait regardé comme exprimant une propriété de ces courbes tout à fait *caractéristique*; on voit que cette propriété s'étend encore aux brachistochrônes absolues, et aussi aux trajectoires naturelles, absolues ou dans un plan donné. Mais elle n'appartient qu'à ces deux espèces, parmi les courbes de la classe (A) ; en effet, l'intégration de l'équation différentielle

$$\frac{\varphi(v)}{v \varphi'(v)} = \pm 1,$$

([1]) Les géodésiques se réduisent ici à des lignes droites, et l'on a évidemment

$$N = \frac{v^2}{r} = 0.$$

ne donne, pour la fonction φ, que deux formes

$$\varphi(v) = Cv \quad , \quad \varphi(v) = C\frac{1}{r}.$$

Généralement, *pour toutes les courbes qui rendent minimum l'intégrale* $\int \varphi(v)\,ds$, *le mobile étant d'ailleurs ou libre ou assujetti à rester sur un plan donné, le rapport de la force centrifuge* $\frac{v'}{r}$ *à la composante* N, est une certaine fonction de v, et par conséquent *est constant dans toute l'étendue d'une même courbe de niveau* ; et il est, du reste, aisé de voir que *ce rapport est*, en outre, *absolument invariable pour chacune des courbes caractérisées par une fonction de la forme* $\varphi(v) = v^k$, k *étant une constante arbitraire, qui n'est autre chose que la valeur même du rapport* $\frac{N}{\frac{v^2}{r}}$.

Il y aura toujours deux espèces *conjuguées* pour lesquelles ce rapport aura la même expression numérique mais en signes contraires; ces deux espèces, telles que sont, par exemple, les brachistochrônes et les trajectoires naturelles, correspondront à deux fonctions $\psi(v)$ égales et de signes contraires, ou, ce qui revient au même, à deux fonctions $\varphi(v)$ et $\varphi_1(v)$ telles que l'on ait

$$\varphi(v)\,\varphi_1(v) = \text{constante}.$$

XI.

THÉORÈME. — *Si une courbe donnée appartient à la fois à deux des espèces représentées par l'équation* (A), *toutes les espèces se réunissent en cette courbe, qui alors est à la fois, en tous ses points, géodésique, brachistochrône, trajectoire naturelle, ligne de plus grande pente, etc.* [1].

---

[1] Exemple, pour le cas de la pesanteur, une verticale sur un plan ou sur une surface cylindrique, à arêtes verticales, ou encore, un méridien quelconque d'une surface de révolution à axe vertical.

Il suffit de prouver que l'équation

$$\chi(x) = \chi(y) = \chi(z)$$

ne peut subsister pour deux valeurs différentes de $\psi(v)$ sans avoir lieu aussi quel que soit $\psi(v)$.

Or, si l'on avait

$$\psi(v)\mu(x) - \lambda(x) = \psi(v)\mu(y) - \lambda(y) = \psi(v)\mu(z) - \lambda(z)$$

et

$$\psi_1(v)\mu(x) - \lambda(x) = \psi_1(v)\mu(y) - \lambda(y) = \psi_1(v)\mu(z) - \lambda(z),$$

on en déduirait, par voie de soustraction,

$$\mu(x)[\psi(v) - \psi_1(v)] = \mu(y)[\psi(v) - \psi_1(v)] = \mu(z)[\psi(v) - \psi_1(v)]$$

d'où la conclusion que, si $\psi(v) - \psi_1(v)$ n'est pas identiquement nul, on devra avoir

$$\mu(x) = \mu(y) = \mu(z),$$

et par suite aussi

$$\lambda(x) = \lambda(y) = \lambda(z);$$

l'on aura donc

$$\chi(x) = \chi(y) = \chi(z) \text{ quel que soit } \psi(v). \text{ C. Q. F. D.}$$

Ce théorème s'applique, du reste, également aux espèces considérées sur une surface donnée et aux espèces absolues ; et il est bien clair que la démonstration ci-dessus embrasse les deux cas.

XII.

Jusqu'ici nous avons considéré un point mobile soumis à un système donné de forces X, Y, Z, en sorte que v était une fonction déterminée des coordonnées x, y, z du point ; les diverses *espèces* de courbes comprises dans *la classe* ainsi obtenue étaient caractérisées par la forme de la fonction φ qui entre dans l'intégrale $\int \varphi(v)ds$, ou, plus généralement, dans l'intégrale $K \int \varphi(v)ds$.

Mais on peut laisser indéterminé le système X, Y, Z des forces appliquées au point mobile. Alors l'intégrale $K \int \varphi(v)ds$ représentera comme une *famille* de courbes, qui comprendra diverses *classes* suivant les systèmes de forces, ou, pour parler plus exactement, suivant la forme de la fonction v. Dans cet ordre d'idées, on voit de suite qu'il pourra se faire qu'une même courbe représente des espèces différentes dans des classes différentes ; en désignant par v, v_1, φ et φ_1 certaines fonctions caractéristiques de classe et d'espèce, cela aura lieu toutes les fois que l'équation

$$[1] \qquad \frac{\varphi_1(v_1)}{\varphi(v)} = \text{constante},$$

pourra être satisfaite, pour plusieurs systèmes de formes différentes attribuées aux caractéristiques v, v_1, φ et φ_1.

A ce même point de vue, on peut dire que les géodésiques forment une espèce proprement dite appartenant à la fois à toutes les classes, de même qu'elles sont une variété de chaque espèce pour le cas particulier de $v =$ constante ou $R = o$ (§ X) ; pour mieux dire, toute la classe $v =$ constante se réduit, en réalité, aux seules géodésiques. On pourra aussi considérer toute courbe d'une classe v comme étant, par exemple, une brachistochrône, pourvu que, pour obtenir cette brachistochrône, on choisisse convenablement le système de forces. Ainsi une trajectoire naturelle, $\delta \int v ds = o$, est une brachistochrône $\delta \int \frac{ds}{v_1} = o$, pourvu que l'on ait

$$v v_1 = \text{constante} ;$$

équation propre à déterminer v_1, et, par suite, le système de forces correspondant lorsque v est connu, ou réciproquement.

Si dans l'équation [4] on prend pour les caractéristiques φ et ψ, une seule même fonction φ, alors on aura l'équation symbolique

$$\frac{\varphi(v_1)}{\varphi(v)} = \text{constante},$$

laquelle admettra d'abord, comme solution évidente,

$$v_1 = v \; ;$$

si cette solution est la seule, la courbe de l'espèce φ n'appartiendra qu'à une seule classe. C'est ce qui arrive, par exemple, pour les trajectoires naturelles, les brachistochrônes, etc. Mais il peut se présenter des solutions multiples dont on devra tenir compte ; par exemple, les courbes de l'espèce $\delta \int v^2 ds = 0$ correspondent à deux classes $+ v$ et $- v$, à cause des deux solutions de l'équation

$$v_1{}^2 = v^2, \text{ d'où } v_1 = \pm \, v \; ;$$

pour ces deux solutions, réellement distinctes, les forces sont égales quand on considère le même point, et l'on a alors une seule et même trajectoire, parcourue par le mobile, ici dans un sens, là en sens inverse. De même, les courbes de l'espèce $\delta \int \sin v \, ds = 0$ correspondent à la même espèce dans une infinité de classes renfermées dans la formule

$$v_1 = K\pi \pm v$$

où K est un nombre entier quelconque, le signe supérieur étant pris lorsque K est pair, et le signe inférieur lorsque K est impair.

XIII.

Il ne sera peut-être pas inutile d'éclaircir encore, par une application d'ailleurs intéressante en elle-même, le sens des généralisations indiquées dans le § précédent.

Supposons que, d'une manière quelconque, l'on ait démontré le *principe de la moindre action* ([1]), d'après lequel la trajectoire suivie naturellement par un mobile sous l'influence d'un système donné de forces jouit de la propriété caractéristique de rendre minimum l'intégrale $\int v^2 dt$ ou $\int v ds$, entre deux quelconques de ses points.

Les équations de cette trajectoire, fournies immédiatement par les principes élémentaires de la mécanique, sont, comme on l'a vu au § VIII,

$$\frac{-Q}{v\sqrt{\left(\frac{dF}{dx}\right)^2 + \left(\frac{dF}{dy}\right)^2 + \left(\frac{dF}{dz}\right)^2}} = \frac{\dfrac{dv}{dx} - \dfrac{dx}{ds}\dfrac{dv}{ds} - v\dfrac{d\frac{dx}{ds}}{ds}}{\dfrac{dF}{dx}} = \text{etc.}$$

Cela posé, la courbe qui rendrait minimum l'intégrale $\int \varphi(v)ds$, les forces données étant

$$X = v\frac{dv}{dx}, \quad Y = v\frac{dv}{dy}, \quad Z = v\frac{dv}{dz},$$

serait aussi une *trajectoire de moindre action* si, au lieu des forces précédentes, on appliquait au mobile les forces

$$X_1 = \varphi(v)\frac{d\gamma(v)}{dx}, \quad Y_1 = \varphi(v)\frac{d\varphi(v)}{dy}, \quad Z_1 = \gamma(v)\frac{d\varphi(v)}{dz},$$

car alors la vitesse, pour une position donnée du mobile, serait $v_1 = \varphi(r)$; les équations différentielles de la courbe cherchée seront donc

---

([1]) Ce principe a été démontré pour la première fois par Euler ; Lagrange l'a ensuite dérivé des lois primordiales du mouvement. (Voir l'*Exposé du système du monde* de Laplace, chap. II, et la *Mécanique céleste* du même auteur, liv. I, chap. II.)

$$\frac{-Q_1}{\varphi(v)\sqrt{\left(\frac{dF}{dx}\right)^2+\left(\frac{dF}{dy}\right)^2+\left(\frac{dF}{dz}\right)^2}}=\frac{\frac{d\,\varphi(v)}{dx}-\frac{dx}{ds}\frac{d\,\varphi(v)}{ds}-\varphi(v)\frac{d\frac{dx}{ds}}{ds}}{\frac{dF}{dx}}=\text{etc.}$$

équations qu'on peut mettre sous la forme

$$\frac{-Q_1}{\varphi(v)\sqrt{\left(\frac{dF}{dx}\right)^2+\left(\frac{dF}{dy}\right)^2+\left(\frac{dF}{dz}\right)^2}}=\frac{\varphi'(v)\left(\frac{dv}{dx}-\frac{dx}{ds}\frac{dv}{ds}\right)-\varphi(v)\frac{d\frac{dx}{ds}}{ds}}{\frac{dF}{dx}}=\text{etc.}=\chi$$

et l'on voit qu'on retombe sur les équations (A) du § V.

Ce mode de calcul nous conduit à une nouvelle interprétation du symbole χ déjà étudié au § X. En effet — Q_1 n'est autre chose que la pression qui serait supportée par la surface si le mobile, au lieu d'être assujetti à suivre une certaine courbe de la classe (A) sous l'action des forces X, Y, Z, suivait librement sa trajectoire naturelle sous l'action des forces X_1, Y_1, Z_1. Mais il est bien clair que les forces X_1, Y_1, Z_1 peuvent se déduire des forces X, Y, Z en ajoutant à chaque instant à ces dernières une certaine composante qui représenterait alors *la résistance propre* de la courbe. On peut donc dire que — Q_1 est précisément la pression exercée par le mobile sur la surface, calculée en tenant compte, non-seulement des forces motrices, mais de ce que nous venons de nommer la résistance propre de la courbe qu'on l'oblige à suivre. De cette manière la formule

[1]
$$\chi=\frac{-Q_1}{\varphi(v)\sqrt{\left(\frac{dF}{dx}\right)^2+\left(\frac{dF}{dy}\right)^2+\left(\frac{dF}{dz}\right)^2}}$$

prend une signification générale très-claire, d'où dérive, comme cas particulier, l'énoncé donné au § X pour les trajectoires naturelles ; ces dernières courbes étant simplement celles pour lesquelles la pression exercée par le mobile sur sa trajectoire, ou, réciproquement, la résistance de celle-ci se trouve être nulle.

D'après ces réflexions, l'équation particulière aux trajectoires naturelles

$$N + Q \cos \theta = \frac{v^2}{r},$$

qu'il est aisé, comme on l'a vu au § X, de démontrer sans aucun calcul, peut conduire à la valeur générale de χ trouvée dans ce même §.

En effet, cette formule peut se généraliser sous la forme,

$$N_1 + Q_1 \cos \theta = \frac{\varphi^2(v)}{r};$$

mais la résultante N_1 correspond aux forces

$$X_1 = \varphi'(v) \, \varphi'(v) \frac{dv}{dx}, \quad Y_1 = \varphi(v) \, \varphi'(v) \frac{dv}{dy}, \quad Z_1 = \varphi(v) \, \varphi'(v) \frac{dv}{dz},$$

de la même manière que la résultante N correspond aux forces

$$X = v \frac{dv}{dx}, \quad Y = v \frac{dv}{dy}, \quad Z = v \frac{dv}{dz};$$

d'après cela il est clair que l'on aura

$$N_1 = \frac{\varphi(v) \, \varphi'(v)}{v} N.$$

Au moyen de cette valeur, nous obtenons

$$Q_1 = \frac{\dfrac{\varphi^2(v)}{r} - \dfrac{\varphi(v) \, \varphi'(v)}{v}}{\cos \theta} N.$$

et l'on voit que la formule [1] donne ainsi, presque sans calcul, la valeur cherchée

$$\chi = \dfrac{N \dfrac{\varphi'(v)}{v} - \dfrac{\varphi(v)}{r}}{\cos\theta \ V \sqrt{\left(\dfrac{dF}{dx}\right)^2 + \left(\dfrac{dF}{dy}\right)^2 + \left(\dfrac{dF}{dz}\right)^2}}$$

XIV.

On a vu, dans le § XI, que pour une classe donnée, c'est-à-dire pour une fonction v donnée, deux espèces ne peuvent coïncider en une seule courbe sans que cette courbe ne représente en même temps la classe tout entière, y compris les lignes de plus grande pente. On peut se demander si cette courbe unique, qui représente alors toutes les espèces d'une classe v, ne pourrait pas représenter encore toutes les espèces d'une autre classe v', en établissant entre les deux fonctions v et v' certaines relations convenables.

Pour résoudre cette question, il suffit, puisque la géodésique appartient déjà à toutes les classes, de chercher sous quelles conditions une courbe peut à la fois être ligne de plus grande pente pour les deux systèmes différents de forces qui correspondent aux vitesses v et v'. Or, pour qu'un élément quelconque d'une ligne de plus grande pente ne change pas, quand la force change, il est nécessaire et suffisant que la force reste constamment dans un même plan normal à la surface donnée ; soit, d'après cela,

$$Ax + By + Cz = o$$

l'équation d'un certain plan passant par le point que l'on considère, choisi pour origine des coordonnées ; on exprimera que ce plan contient à la fois la normale à la surface et les deux forces des systèmes v et v', en écrivant les trois équations de condition

$$\left\{ \begin{array}{l} A\ \dfrac{dF}{dx} + B\ \dfrac{dF}{dy} + C\ \dfrac{dF}{dz} = 0 \\[2mm] A\ \dfrac{dv}{dx} + B\ \dfrac{dv}{dy} + C\ \dfrac{dv}{dz} = 0 \\[2mm] A\ \dfrac{dv'}{dx} + B\ \dfrac{dv'}{dy} + C\ \dfrac{dv'}{dz} = 0. \end{array} \right.$$

De ces équations on déduit aisément, par l'élimination des coefficients A, B, C, une condition unique qu'on peut écrire ainsi

$$\frac{\dfrac{dF}{dy}\dfrac{dv}{dz} - \dfrac{dv}{dy}\dfrac{dF}{dz}}{\dfrac{dF}{dx}\dfrac{dv}{dz} - \dfrac{dv}{dx}\dfrac{dF}{dz}} = \frac{\dfrac{dv}{dy}\dfrac{dv'}{dz} - \dfrac{dv'}{dy}\dfrac{dv}{dz}}{\dfrac{dv}{dx}\dfrac{dv'}{dz} - \dfrac{dv'}{dx}\dfrac{dv}{dz}} = \frac{\dfrac{dv'}{dy}\dfrac{dF}{dz} - \dfrac{dF}{dy}\dfrac{dv'}{dz}}{\dfrac{dv'}{dx}\dfrac{dF}{dz} - \dfrac{dF}{dx}\dfrac{dv'}{dz}},$$

ou bien

$$\frac{dF}{dx}\left(\frac{dv}{dy}\frac{dv'}{dz} - \frac{dv'}{dy}\frac{dv}{dz}\right) + \frac{dF}{dy}\left(\frac{dv}{dz}\frac{dv'}{dx} - \frac{dv'}{dz}\frac{dv}{dx}\right) + \frac{dF}{dz}\left(\frac{dv}{dx}\frac{dv'}{dy} - \frac{dv'}{dx}\frac{dv}{dy}\right) = 0.$$

On peut encore arriver à ce résultat à l'aide des équations des lignes de plus grande pente, savoir, pour le système v (§ **VI**),

$$\frac{\dfrac{dv}{dx}ds - \dfrac{dx}{ds}dv}{\dfrac{dF}{dx}} = \frac{\dfrac{dv}{dy}ds - \dfrac{dy}{ds}dv}{\dfrac{pF}{dy}} = \frac{\dfrac{dv}{dz}ds - \dfrac{dz}{ds}dv}{\dfrac{dF}{dz}}.$$

Le problème analytique à résoudre consiste évidemment à éliminer $\frac{dx}{ds}, \frac{dy}{ds}$ et $\frac{dz}{ds}$ entre ces équations et celles relatives au système v'. Cette élimination, qui au premier abord paraît presque impraticable, à cause de la nécessité de faire disparaître aussi les différentielles totales dv et dv', qui dépendent des quantités à éliminer, peut s'effectuer très-aisément par un procédé qui revient, en définitive, à l'algorithme employé tout à l'heure. En effet, multiplions respectivement par trois constantes A, B, C le numérateur et le dénominateur de chacun des membres de l'équation ci-dessus ; la fraction dont le numérateur sera la somme des produits des trois numérateurs par A, B, C et dont le dénominateur sera la somme des produits des trois dénominateurs par les mêmes facteurs A, B, C sera évidemment égale à l'un quelconque des membres de l'équation. Cela posé, choisissons A, B, C, de telle sorte que l'on ait

$$A\frac{d\,F}{dx} + B\frac{d\,F}{dy} + C\frac{d\,F}{dz} = o$$

et

$$A\frac{dx}{ds} + B\frac{dy}{ds} + C\frac{dz}{ds} = o\,;$$

il est clair que l'on devra alors avoir aussi

$$A\frac{dv}{dx} + B\frac{dv}{dy} + C\frac{dv}{dz} = o.$$

Un procédé identique, appliqué aux équations des lignes de plus grande pente du système v', donnerait, avec la première et la seconde des équations ci-dessus, celle-ci

$$A\frac{dv'}{dx} + B\frac{dv'}{dy} + C\frac{dv'}{dz} = o.$$

Des quatre équations qui précèdent, la première, la troisième et la quatrième ne renferment plus $\frac{dx}{ds}, \frac{dy}{ds}, \frac{dz}{ds}$, ni les différentielles totales dv et dv'. Il ne reste donc qu'à faire disparaître les quantités auxiliaires A, B, C, ce qui ramène au calcul effectué tout à l'heure. Quant à l'équation $A\frac{dx}{ds} + B\frac{dy}{ds} + C\frac{dz}{ds} = o$, on peut remarquer qu'elle exprime simplement que chaque élément de la ligne de plus grande pente est situé dans le plan normal qui contient la force, ainsi que cela doit être, d'après la définition même des lignes de plus grande pente (§ VI).

17

Considérons maintenant le cas où les deux forces des systèmes v et v' seraient constamment parallèles l'une à l'autre ; on a alors

$$\frac{\dfrac{dv}{dx}}{\dfrac{dv'}{dx}} = \frac{\dfrac{dv}{dy}}{\dfrac{dv'}{dy}} = \frac{\dfrac{dv}{dz}}{\dfrac{dv'}{dz}},$$

et l'équation de condition [1] sera satisfaite, quels que soient $\frac{d\mathrm{F}}{dx}, \frac{d\mathrm{F}}{dy}, \frac{d\mathrm{F}}{dz}$, ainsi qu'on devait s'y attendre. On voit d'ailleurs immédiatement qu'en introduisant ces conditions dans les équations des lignes de plus grande pente des systèmes v et v', ces équations coïncident, c'est-à-dire ne déterminent plus, pour les deux systèmes, qu'une seule et même courbe.

Un cas très-simple mérite d'être remarqué. C'est celui où la valeur des quotients qui forment l'équation ci-dessus, et conséquemment celle du quotient $\frac{dv}{dv'}$, serait supposée constante, ou, plus généralement, fonction de v ou de v'. Alors on aura une équation différentielle de la forme

$$\frac{dv'}{dv} = f(v)$$

qui donnera, par l'intégration

$$v' = \int_0^v f(v) = f_1(v).$$

Dans ce cas, toute courbe de la classe v' appartiendra évidemment aussi à la classe v, et il est naturel que, puisqu'une même courbe représente toutes les espèces de la classe v, cette courbe représente également toutes les espèces de la classe v'.

XV.

Dans tout ce qui précède, nous n'avons fait aucune hypothèse particulière sur la nature de la force qui sollicite le mobile, excepté toutefois le cas où nous avons supposé cette force nulle, pour arriver aux géodésiques. En particularisant de telle ou telle manière la nature de la force, on se trouverait conduit à un ordre de recherches spéciales que nous n'avons pas l'intention d'aborder ici : toutefois, nous nous arrêterons un moment, et c'est par là que nous terminerons, à un cas assez remarquable, en ce qu'il comprend les attractions newtoniennes et la pesanteur, celui où la force est constamment dirigée vers un centre fixe et variable avec la distance r du point mobile à ce centre.

Soit R cette force, on aura, en prenant le centre d'attraction pour origine des coordonnées,

$$X = R\frac{x}{r},\ Y = R\frac{y}{r},\ Z = R\frac{z}{r},$$

en sorte que la vitesse s'exprimera, à une constante près, par l'intégrale

$$v^2 = \int R\frac{x}{r}\,dx + R\frac{y}{r}\,dy + R\frac{z}{r}\,dz = \int R\,dr;$$

nous pourrons donc poser

$$v = \phi(r).$$

Cela étant, les équations d'une courbe propre à rendre minimum l'intégrale $\int \varphi(v)ds$, le mobile étant supposé absolument libre, seront, en représentant par V une certaine fonction de r et posant $\varphi(v) = V$,

$$
\begin{cases}
d\,\dfrac{dx}{ds}\,\mathrm{V} = \mathrm{V}'\Phi'\,\dfrac{dr}{dx}\,ds \\[2mm]
d\,\dfrac{dy}{ds}\,\mathrm{V} = \mathrm{V}'\Phi'\,\dfrac{dr}{dy}\,ds \\[2mm]
d\,\dfrac{dz}{ds}\,\mathrm{V} = \mathrm{V}'\Phi'\,\dfrac{dr}{dz}\,ds
\end{cases}
$$

En divisant les deux premières équations membre à membre, nous aurons

$$
\frac{d\,\dfrac{dx}{ds}\,\mathrm{V}}{d\,\dfrac{dy}{ds}\,\mathrm{V}} = \frac{\dfrac{dr}{dx}}{\dfrac{dr}{dy}}
$$

Mais, à cause de $r^2 = x^2 + y^2 + z^2$, on a

$$
\frac{dv}{dx} = \frac{x}{r}, \quad \frac{dr}{dy} = \frac{y}{r}, \quad \frac{dr}{dz} = \frac{z}{r},
$$

en sorte que l'équation précédente devient

$$
\frac{d\,\dfrac{dx}{ds}\,\mathrm{V}}{d\,\dfrac{dy}{ds}\,\mathrm{V}} = \frac{x}{y},
$$

d'où

$$
x d\,\frac{dy}{ds}\,\mathrm{V} - y d\,\frac{dx}{ds}\,\mathrm{V} = o,
$$

équation qui, par l'intégration, donne

$$
x\,\frac{dy}{ds}\,\mathrm{V} - y\,\frac{dx}{ds}\,\mathrm{V} = \text{constante} = c.
$$

ou

on aurait de même

et

$$xdy - ydx = \frac{cds}{V} \left.\begin{matrix}\\\\\\\end{matrix}\right\}$$
$$ydz - zdy = \frac{ads}{V}$$
$$zdx - xdz = \frac{bds}{V}$$

si l'on multiplie maintenant ces trois équations respectivement par z, x, y, et qu'on ajoute les produits, il viendra

$$o = \frac{ds}{V}(ax + by + cz),$$

ou simplement

$$ax + by + cz = o,$$

équation d'un plan qui passe par l'origine des coordonnées. Ainsi la courbe est tout entière dans un même plan. Ce plan sera, si le point de départ et le point d'arrivée sont donnés, celui qui passe par ces deux points et le centre d'attraction ; si l'on donne le point de départ et la direction de la vitesse initiale, ce qui déterminera le premier élément de la courbe, le plan de la courbe sera celui qui contiendra ce premier élément avec le centre d'attraction [1].

En prenant le plan de la courbe pour plan des xz, elle sera représentée par les deux équations

---

[1] Il convient de remarquer ici deux cas particuliers: celui où la droite qui joint les points de départ et d'arrivée passe par le centre d'attraction, et celui où ce centre d'attraction se trouve dans la direction même de la vitesse initiale. Dans le premier cas, les coefficients a, b, c prendront la forme $\frac{o}{o}$, et la courbe sera indéterminée ; dans le second, ces coefficients sont nuls et il n'y a pas alors d'autre courbe que la droite obtenue en prolongeant la direction initiale; une telle droite comprend d'ailleurs toutes les espèces particulières qu'on peut imaginer (§ XI).

$$v \text{ ou } \frac{ds}{dt} = \Phi(r) \left.\right\}$$
$$z\,dx - x\,dz = \frac{b\,ds}{V} \left.\right\}$$

en coordonnées polaires (r, θ), cette dernière équation deviendra

$$\frac{r^2 d\theta}{dt} = b\,\frac{v}{V}\,,$$

ou bien

$$\frac{r^2 d\theta}{dt} = b\,\frac{v}{\varphi(v)}\,.$$

Dans le cas des brachistochrônes, on a $\varphi(v) = \frac{1}{v}$; l'équation ci-dessus donne alors

$$\frac{r^2 d\theta}{dt} = b\,v^2,$$

et elle montre que *l'aire décrite par le rayon vecteur dans un temps infiniment petit est proportionnelle au carré de la vitesse.*

Dans le cas des trajectoires naturelles, $\varphi(v) = v$; alors on a simplement

$$\frac{r^2 d\theta}{dt} = b,$$

ce qui est *la deuxième loi de Képler*, dont l'énoncé est indépendant, comme on sait, de la fonction de la distance par laquelle s'exprime la force d'attraction.

Enfin, dans le cas des géodésiques, on a $\varphi(v) = 1$, et par suite

$$\frac{r^2 d\theta}{dt} = b\,v$$

l'aire décrite par le rayon vecteur est dans ce cas simplement *proportionnelle à la vitesse* ; on voit tout de suite qu'il doit en être ainsi, puisque alors la courbe se réduit à une ligne droite (¹).

Ces résultats subsistent quelle que soit la position du centre d'attraction ; si l'on suppose que ce centre vienne à s'évanouir à l'infini, sur une droite donnée, alors on arrive au cas d'une force constante, toujours parallèle à elle-même ; comme est ordinairement considérée la pesanteur à la surface de la terre, et les mêmes théorèmes s'appliquent avec certaines modifications aisées à découvrir.

(¹) L'expression $r^2 d\theta$ de l'aire décrite par le rayon vecteur pendant un instant dt pourrait aussi s'écrire sous la forme λds, λ étant la perpendiculaire abaissée du centre d'attraction sur la tangente à la courbe en un point donné. De là résulteraient, pour les théorèmes que nous donnons ici, des énoncés un peu différents ; on retrouverait, de cette manière, pour le cas des brachistochrones, un énoncé qui est dû à Euler (Mech., tom. II).

---∞∞∞---

NOTE SUR LES TAUTOCHRONES ORTHOGONALES.

Soit donnée une surface F $(x, y, z) =$ constante, et supposons une série de trajectoires appartenant à l'une des espèces qui rendent minimum l'intégrale $\int \varphi(v)ds$, et issues d'une même courbe normale à chacune d'elles. Considérons la courbe *tautochrone* formée par les extrémités des arcs qui seraient parcourus par un mobile dans le même temps, sur chaque trajectoire. Caractérisons chaque trajectoire par la distance r comptée sur la courbe de départ, qui est aussi une tautochrône (pour le temps $t = o$), à partir d'un certain point adopté pour origine ; un point particulier M de cette trajectoire pourra être caractérisé par le temps t du mouvement depuis le point de départ, ce temps t caractérisant aussi la courbe tautochrône qui coupe en M la trajectoire. Généralement, les coordonnées x, y, z d'un point quelconque de la surface s'exprimeront, d'après cela, par les seules variables indépendantes t et r ; les trajectoires et les tautochrônes traçant ainsi sur la surface un système particulier de coordonnées.

Cela étant, si l'on pose

$$S = \frac{dx}{dt}\ \frac{dx}{dr} + \frac{dy}{dt}\ \frac{dy}{dr} + \frac{dz}{dt}\ \frac{dz}{dr},$$

S sera une fonction qui deviendra nulle en même temps que le cosinus de l'angle que font en M la trajectoire et la tautochrône. Or on aura, en différentiant par rapport à t,

$$\frac{dS}{dt} = \frac{d^2x}{dt^2}\ \frac{dx}{dr} + \frac{d^2y}{dt^2}\ \frac{dy}{dr} + \frac{d^2z}{dt^2}\ \frac{dz}{dr} + \frac{dx}{dt}\ \frac{d^2x}{drdt} + \frac{dy}{dt}\ \frac{d^2y}{drdt} + \frac{dz}{dt}\ \frac{d^2z}{drdt},$$

ou bien

$$\frac{dS}{dt} = \frac{d^2x}{dt^2}\ \frac{dx}{dr} + \frac{d^2y}{dt^2}\ \frac{dy}{dr} + \frac{d^2z}{dt^2}\ \frac{dz}{dr} + v\ \frac{dv}{dr}.$$

Mais on sait que les équations de la trajectoire peuvent être mises sous la forme

[A] $\qquad \varphi'(v)\,\mu(x) - \varphi(v)\,\lambda(x) = \varphi'(v)\,\mu(y) - \varphi(v)\,\lambda(y) = \varphi'(v)\,\mu(z) - \varphi(v)\,\lambda(z)$

en posant

$$\mu(x) = \frac{\dfrac{dv}{dx} - \dfrac{dx}{ds}\ \dfrac{dv}{ds}}{\dfrac{dF}{dx}} = \frac{\dfrac{dv}{dx} - \dfrac{1}{v^2}\ \dfrac{dx}{dt}\ \dfrac{dv}{dt}}{\dfrac{dF}{dx}},$$

$$\lambda(x) = \frac{\dfrac{d\dfrac{dx}{ds}}{ds}}{\dfrac{dF}{dx}} = \frac{\dfrac{1}{v}\ \dfrac{d\dfrac{dx}{dt}\dfrac{1}{v}}{dt}}{\dfrac{dF}{dx}} = \frac{\dfrac{1}{v^2}\ \dfrac{d^2x}{dt^2} - \dfrac{1}{v^3}\ \dfrac{dx}{dt}\ \dfrac{dv}{dt}}{\dfrac{dF}{dx}}.$$

Multipliant les trois membres de l'équation [A] respectivement par $\frac{dx}{dr}$, $\frac{dy}{dr}$, $\frac{dz}{dr}$, et re-marquant que la somme des dénominateurs $\left(\frac{dF}{dx}\ \frac{dx}{dr} + \frac{dF}{dy}\ \frac{dy}{dr} + \frac{dF}{dz}\ \frac{dz}{dr}\right)$ est alors nulle, et que, par suite, la somme des numérateurs doit s'évanouir aussi, on aura suc-cessivement

$$0 = \varphi'(v)\left[\mu(x)\ \frac{dF}{dx}\ \frac{dx}{dr} + \mu(y)\ \frac{dF}{dy}\ \frac{dy}{dr} + \mu(z)\ \frac{dF}{dz}\ \frac{dz}{dr}\right]$$
$$- \varphi(v)\left[\lambda(x)\ \frac{dF}{dx}\ \frac{dx}{dr} + \lambda(y)\ \frac{dF}{dy}\ \frac{dy}{dr} + \lambda(z)\ \frac{dF}{dz}\ \frac{dz}{dr}\right],$$

$$0 = \varphi'(v)\left[\frac{dv}{dr} - \frac{1}{v^2}\ \frac{dv}{dt}\,S\right] - \varphi(v)\left[\frac{1}{v^2}\left(\frac{dS}{dt} - v\ \frac{dv}{dr}\right) - \frac{1}{v^3}\ \frac{dv}{dt}\,S\right],$$

$$0 = \frac{\varphi(v)}{v}\ \frac{dS}{dt} + S\left[\frac{\varphi'(v)}{v} - \frac{\varphi(v)}{v^2}\right]\frac{dv}{dt} - \left[\varphi(v) + v\,\varphi'(v)\right]\frac{dv}{dr},$$

$$0 = \frac{\varphi(v)}{v}\ \frac{dS}{dt} + S\ \frac{d\dfrac{\varphi(v)}{v}}{dt} - \frac{d\,.\,v\,\varphi(v)}{dr}$$

et enfin

$$0 = \frac{d\dfrac{\varphi(v)}{v}\,S}{dt} - \frac{d\,.\,v\,\varphi(v)}{dr}.$$

De cette équation il résulte que si l'on considère seulement les espèces pour lesquelles $r\varphi(v)=$ constante, savoir les géodésiques et les brachistochrônes, la fonction $\frac{\varphi(v)}{v}$ S sera indépendante du temps t ; en sorte que si, pour $t = o$, on a S $= o$ quelle que soit la variable indépendante r, on aura toujours, pour toute valeur de t qui ne rendra pas $\frac{\varphi(v)}{v}$ nul, ou v infini, S $= o$, quel que soit r ; d'où les théorèmes du § IV.

Ces théorèmes ne s'appliquent généralement, dans la classe des courbes [A], qu'aux deux espèces des géodésiques et des brachistochrônes. Car, pour toutes les autres courbes de cette classe, la fonction $\frac{d r \varphi(v)}{d r}$ ne sera généralement pas nulle ; par conséquent, si l'on a S $= o$ pour une certaine valeur de t, S ne pourra être nul pour une valeur de t infiniment voisine.

ADDITION AU § IX.

Le théorème démontré au § IX s'applique évidemment aux trajectoires pour lesquelles $\psi(v)$ s'annule pour des valeurs particulières $v_0, v_1 \ldots$; toutes ces trajectoires rencontrent normalement les courbes de niveau $v = v_0, v = v_1 \ldots$

FIN.

www.ingramcontent.com/pod-product-compliance
Lightning Source LLC
Chambersburg PA
CBHW071914200326
41519CB00016B/4607